Chahra BIDJOU-HAIOUR

Lipases modificadas. Abordagens e perspectivas na química dos açúcares

Chahra BIDJOU-HAIOUR

Lipases modificadas. Abordagens e perspectivas na química dos açúcares

lipases revestidas com tensioactivos

ScienciaScripts

Imprint
Any brand names and product names mentioned in this book are subject to trademark, brand or patent protection and are trademarks or registered trademarks of their respective holders. The use of brand names, product names, common names, trade names, product descriptions etc. even without a particular marking in this work is in no way to be construed to mean that such names may be regarded as unrestricted in respect of trademark and brand protection legislation and could thus be used by anyone.

Cover image: www.ingimage.com

This book is a translation from the original published under ISBN 978-3-8416-2355-3.

Publisher:
Sciencia Scripts
is a trademark of
Dodo Books Indian Ocean Ltd. and OmniScriptum S.R.L publishing group

120 High Road, East Finchley, London, N2 9ED, United Kingdom
Str. Armeneasca 28/1, office 1, Chisinau MD-2012, Republic of Moldova, Europe
Managing Directors: Ieva Konstantinova, Victoria Ursu
info@omniscriptum.com

Printed at: see last page
ISBN: 978-620-8-41250-0

Conteúdo

Introdução

A aplicação da catálise enzimática aos processos químicos reduz a utilização de produtos nocivos no ambiente, diminuindo assim os custos de tratamento. As enzimas oferecem uma vantagem distinta devido à sua especificidade, biodegradabilidade e formação limitada de subprodutos. Nos últimos anos, tem havido um interesse crescente na utilização de lipases para catálise em meios orgânicos. Pela sua própria natureza, a lipase pode ter uma influência significativa na evolução das reacções químicas quando utilizada como biocatalisador. A sua estabilidade e atividade em relação aos reagentes podem ser melhoradas por vários processos. Uma abordagem possível para estabilizar as enzimas é imobilizá-las numa matriz adequada. A modificação das enzimas altera a sua estabilidade, atividade enzimática, pH ótimo e reatividade com substratos. Estas alterações dependem da fonte da enzima, do tipo de suporte e do método de modificação utilizado.

[1][2][3]A estabilidade das enzimas pode ser melhorada imobilizando-as num suporte insolúvel adequado, nomeadamente através das funções amina ou ácida da enzima, que levam à criação de ligações físicas ou químicas entre o suporte e a enzima .

A imobilização é o método mais utilizado para garantir a estabilidade das enzimas num processo industrial.

A síntese de derivados funcionais de moléculas com potencial surfactante, como os ésteres de açúcar, é uma área de estudo em constante expansão. O desenvolvimento de produtos e processos verdes, competitivos em relação aos produtos e processos químicos, baseia-se atualmente nos conceitos de química verde e de desenvolvimento sustentável[2,3] . O custo das matérias-primas exige a utilização de processos simples e de baixo custo. [4]É o caso dos biotensioactivos à base de açúcar obtidos por via enzimática. A síntese destes compostos utilizando apenas matérias-primas renováveis consiste em ligar uma parte hidrofílica e uma parte lipofílica na presença de uma enzima.

[5][6][7]Graças à sua disponibilidade, os açúcares (como cabeças polares) e os ácidos gordos (como cabeças apolares) encontraram, nas últimas décadas, o seu lugar na reação de esterificação. Os tensioactivos não-iónicos de origem natural mais conhecidos são os sucroésteres[6,7].

---

[1] E.N. Vulfson, P.J. Halling, H.L. Holland, Enzymes in nonaqueous solvents: methods and protocols, *Humana Press*, **2001**, 701.

[2] H. Oka, K. Aimono, S. Tsuyutani, T. Fujita, K. Hashiba. *Eur. Patente EP 492397, Kao Corp.* **1992**.

[3] H. Lüders, *Eur. Patente EP 252241, Hüls AG.* **1987**.

[4] H.A. El-Baz, A.M. Elazzazy, T.S. Saleh, M. Dourou, J.A. Mahyoub, M.N. Baeshen, H.R. Madian e G. Aggelis. Síntese enzimática de ésteres de ácidos gordos de glicose utilizando SCOs como doadores de grupos acilo e as suas actividades biológicas. *Ciências Aplicadas*. **2021**, 11, 2700.

[5] N. Nicolas, B. Thierry, P. Daniel. Surfactantes à base de substâncias renováveis. *L'actualité chimique*. **2000**. 70, 75.

[6] T. Raku, M. Kitagawa, H. Shimakawa, Y. Tokiwa. Síntese enzimática de ésteres hidrofílicos de ácido undecilénico e sua biodegradabilidade. *Biotechnology letters*. **2003**, 161, 166.

[7] T. Raku, M. Kitagawa, H. Shimakawa, Y. Tokiwa. Síntese enzimática de ésteres de trealose com lipofilicidade. *Jornal de biotecnologia*. **2003**, 100, 208.

Trata-se de moléculas biodegradáveis e inofensivas para a saúde e o ambiente. [8][9][10][11][12][13][14][15][16][17]São totalmente biocompatíveis e podem ser utilizadas em todas as aplicações em contacto direto com o homem, como a transformação de alimentos, os produtos farmacêuticos, os detergentes, os cosméticos, os aditivos alimentares, etc.. Em função das fracções de hidratos de carbono e de acilo escolhidas, os ésteres de açúcares e de ácidos gordos demonstraram ter propriedades anti-oxidantes, antimicrobianas ", insecticidas e anti-tumorais. [18]Podem ser obtidos quimicamente utilizando catalisadores alcalinos, mas esta estratégia exige temperaturas elevadas e a utilização de solventes perigosos, como a piridina, que não é compatível com as aplicações alimentares. [19]Além disso, uma vez que todos os grupos hidroxilo dos hidratos de carbono apresentam uma reatividade semelhante, o geralmente uma mistura de ésteres, sem que seja possível controlar a composição do produto da reação.

[20]Enzimas como as lipases, proteases e esterases são capazes de catalisar a síntese de ésteres de açúcares e de ácidos gordos com um elevado grau de seletividade, produzindo diretamente mono-ésteres sem a necessidade de etapas adicionais de proteção e desproteção. Entre estas, as lipases são as enzimas mais frequentemente utilizadas para catalisar a síntese de tais compostos. Estas enzimas são activas em muitos solventes orgânicos e a baixas temperaturas. [21]Por conseguinte, a via enzimática tem sido amplamente estudada como uma alternativa mais suave e ecológica para a síntese de ésteres de açúcar à base de ácidos gordos. [22]Note-se que a

---

[8] N. do Amaral Sampaio Neta, J.C. Sousa dos Santos, S. de Oliveira Sancho, S. Rodrigues, L. Rocha Barros Goncalves, L.R. Rodrigues, J.A. Texeira. Síntese enzimática de ésteres de açúcar e seu potencial como estabilizadores tensoactivos de emulsões de leite de coco. *Food Hydrocolloids*. **2012**, 27, 331.

[9] L. Schiefelbein, M. Keller, F. Weissmann, M. Luber, F. Bracher, W. Friess. Síntese, caraterização e avaliação da adequação dos ésteres de ácidos gordos de trealose como alternativas aos polissorbatos na formulação de proteínas. *Revista europeia de farmácia e biofarmácia.* **2012**, 76, 350.

[10] N.R. Kahn, V.K. Rathod. Síntese catalisada por enzimas de ésteres costémicos e sua intensificação: uma revisão. Uma revisão. *Bioquímica de Processos*. 2015, 50, 1806.

[11] C. N. Mulligan. Aplicações ambientais para biossurfactantes. *Environ. Pollution*. **2004**, 133, 198.

[12] S.W. Hsieh, M.R. Lee, C.W. Tsai, L.Y. Lai, T. Yeh, C.W. Hsieh, T.J. Yang, S.W. Chang, Síntese enzimática, purificação e identificação de derivados bioactivos de ésteres de trealose para aplicações na saúde. *Food Bioprod. Process*. **2015**, 95, 172.

[13] M. Habulin, S. Sabeder, Z. Knez. Síntese enzimática de ésteres de ácidos gordos de açúcar em solvente orgânico e em dióxido de carbono supercrítico e sua atividade antimicrobiana. *O Jornal de Fluidos Supercríticos*. **2008,** 45, 345.

[14] M. Ferrer, J. Soliveri, F.J. Plou, N. Lopez-Cortes, D. Reyes-Duartes, M. Christensen, J.L. Copa-Patino, A. Ballesteros. Síntese de ésteres de açúcar em misturas de solventes por lipases de Thermomyces lanuginosus e Candida antarctica B, e suas propriedades antimicrobianas, *Enzyme and Microbial Technology*. **2005,** 36, 398.

[15] T. Watanabe, S. Katayama, M. Matsubara, Y. Honda, M. Kuwahara. Monoésteres de hidratos de carbono antibacterianos que suprimem o crescimento celular de Streptococcus mutans na presença de sacarose. *Current microbiology*. **2000,** 41,213.

[16] J.K. Peterson, H.F. Harrison, O.T. Chortyk. Effects of various synthetic sucrose esters on weed seed germination and crop growth: structure - activity and dose - response relationships. *Journal of Agricultural and Food Chemistry*. **1997,** 45, 4837.

[17] S. Okabe, M. Suganuma, Y. Tada. Os ésteres de dissacarídeo testados para inibir a libertação do fator de necrose tumoral - alfa são novos agentes anti-cancro. *Revista japonesa de investigação do cancro*. **1999**, 90, 676.

[18] C.C. Akoh, B.G. Swanson. Síntese e propriedades de poliésteres de ácidos gordos de alquilglicósido e estaquiose. *Journal of the American Oil Chemists' Society*. **1989**, 66, 1301.

[19] G. Paggiola. Biocatálise em solventes bio-derivados: uma abordagem melhorada para a otimização do meio, *Green Chemistry*. **2014,** 16, 2110.

[20] P. Fickers, J. Destain, P. Thonart. As lipases são hidrolases atípicas: principais caraterísticas e aplicações. *Biotecnologia agronómica, sociedade e ambiente*. **2008**, 12, 130.

[21] A. Dounia, G. Etienne, N. Stéphane, síntese de palmitato de 6-O-glicose com lipase: Investigação de alguns parâmetros-chave. *Catálise Molecular*. **2018**, 460, 68.

[22] A. K. Chandel, R. Rudravaram, L. V. Rao, P. Ravindr, M. L. Narasu. Industrial enzymes in bioindustrial sector

produção mundial de ésteres de açúcar está estimada em 6 000 t/ano. [23]Nos Estados Unidos, a Food and Drug Administration (FDA) autorizou, em 1983, a utilização de ésteres de açúcar como emulsionantes e agentes de textura em géneros alimentícios ou como revestimento protetor para a conservação de frutos . Na Europa, o consumo dietético de ésteres de açúcar (E473) foi autorizado em 1989, com um limite de 25mg/kg/dia.

[24]Prevê-se que a procura de ésteres de açúcar aumente à medida que forem descobertos processos novos e mais selectivos para o fabrico de compostos que satisfaçam os requisitos económicos e ambientais .

A aplicação da catálise enzimática aos processos químicos reduz a utilização de produtos nocivos para o ambiente, diminuindo assim os custos de transformação. Neste caso, as lipases oferecem uma vantagem distinta devido à sua especificidade, biodegradabilidade e formação limitada de subprodutos. [252627]Uma abordagem possível para estabilizar as lipases em solventes orgânicos é imobilizá-las numa matriz adequada adsorção num suporte sólido e revestimento com tensioactivos não iónicos[26,27]. Isto altera a sua estabilidade, a sua atividade enzimática e a sua reatividade em relação aos substratos. Estas alterações dependem da fonte da enzima, do tipo de substrato e do método utilizado. A seguir, a lipase *pancreática porcina* livre (PPL) e a lipase *de Candida cylindracéa* (CCL) são modificadas pelos processos acima referidos. Os suportes utilizados no processo de adsorção são inorgânicos, nomeadamente celite e sílica. Estas lipases são revestidas ou encapsuladas com ésteres de sorbitano e tensioactivos não iónicos. As lipases modificadas foram então testadas na reação de esterificação enzimática da D-glucose para comparar as suas actividades catalíticas com as da enzima livre e de uma enzima comercial imobilizada, a lipase B *de Candida antartica* (CAL B).

development: an Indian perspective (Enzimas industriais no desenvolvimento do sector bioindustrial: uma perspetiva indiana). *Journal. Biotecnologia Comercial.* **2007**, *13*, 283.

[23] S. Nakamura. Utilização de ésteres de sacarose como emulsionantes alimentares. *Inform* **1997**, 8, 874.

[24] S. Cassel, C. Debaig, T. Benvegnu. P. Chaimbault, M. Lafosse, D. Plusquellec, P. Rollin. Síntese original de padrões de oligoglicerol lineares, rançosos e cíclicos. *Jornal Europeu de Química Orgânica.* **2001**, 875, 1829.

[25] N. Bouzaouit, C. Bidjou-Haiour. Estudo metodológico de superfície de resposta da síntese de laurato de glicose catalisada por lipase imobilizada de candida cylindracea. *Biological Forum-An Intern. J.* **2016**, 81, 420.

[26] S. Okazaki, M. Goto, H. Wariishi, H. Tanaka, S. Furusaki. Caracterização e propriedade catalítica do complexo surfactante-lacase em meios orgânicos. *Biotechnology Progress*, **2000**, 16, 583.

[27] V. Dandavate, D. Madamwar. Nova abordagem para a síntese de iso valerato de etilo utilizando lipase *de Candida rugosa* revestida com surfactante imobilizada em organogéis à base de microemulsão. *Tecnologia enzimática e microbiana.* **2007**, 41,265.

CAPÍTULO 1

Imobilização de enzimas

O desenvolvimento de novos métodos analíticos para a investigação e a indústria exige cada vez mais a utilização enzimas específicas. Por conseguinte, é essencial encontrar um método para estabilizar as enzimas contra a desnaturação.

De facto, o trabalho de imobilização de enzimas só começou nos anos 60, quando as enzimas se tornaram amplamente disponíveis.[28]

Para que uma reação enzimática se desenrole nas melhores condições possíveis, é necessário que seja estável. Em termos funcionais, a estabilidade de uma enzima limita frequentemente a sua aplicação prática em processos medicinais e biotecnológicos. Uma abordagem aumentar a estabilidade destas enzimas imobilização numa matriz adequada, para preservar a estrutura tridimensional ativa.

A enzima pode ter uma conformação mais restritiva no seu estado imobilizado, causando uma redução da sua atividade ou bloqueando o seu sítio catalítico. As matrizes de confinamento devem, portanto, permitir a livre difusão do substrato em direção ao sítio ativo e favorecer uma conformação espacial suficientemente livre para preservar a sua atividade biológica. Se estas condições estiverem reunidas, as vantagens da imobilização são uma libertação limitada causada pela lavagem, uma enzima mais estável e uma vida mais longa.

De um ponto de vista industrial, observou-se que os biocatalisadores imobilizados eram mais estáveis e, em alguns casos, podiam induzir alterações atividade enzimática, no pH ótimo e afinidade com o substrato.

Em segundo lugar, a imobilização da enzima significa que esta pode ser utilizada num reator contínuo ou recuperada e reutilizada (estes dois aspectos também podem ser combinados). Por conseguinte, é muito simples aumentar significativamente a economia de um processo enzimático, especialmente porque custo da enzima é elevado.[29]

É igualmente importante recordar que, nos sistemas vivos ou na natureza, as enzimas

---

[28] [28] B. Eric, B. Jean-François. A catálise enzimática. *Techniques de l'ingénieur*, **1992,** 240, 1.

[29] C. Didier, M. Pierre. Biocatálise ou catálise enzimática. *Techniques de l'ingénieur*, **2009**, 590, 1.

[30] C. Blecker, M. Christophe, Lipases imobilizadas e suas aplicações. *Biotecnologia, Agronomia, Sociedade e Ambiente*, **2008**, 12, 57

[31] MF. Chaplin, C. Bucke. Enzyme Technology. *Cambridge University Press*, **1990.**

[32] [29] I. Alexander, S. Manfred. Métodos para a imobilização de lipases e sua utilização na síntese de ésteres. *Journal of Molecular Catalysis*, **1997**, 3, 303.

[33] D. Sumitra, R. Christena, R. Yamuna, R. Sriramulu. Imobilização de enzimas: uma visão geral sobre técnicas e materiais de suporte. *Biotech*, **2013**, 3, 1.

[34] M. Eisenmenger, J. Reyes-De-Corcuera. A alta pressão hidrostática aumentou a estabilidade e a atividade da lipase imobilizada em hexano. *Enzyme and Microbial Technology*, **2009**, 45, 118.

[35] Z. Dijkstra, R. Merchant, J.T.F. Keurentjes. Estabilidade e atividade de agregados enzimáticos de *CALB* em CO_2 supercrítico. *Jornal de Fluidos Supercríticos*, **2007**, 41, 102.

praticamente só actuam num estado imobilizado, como por exemplo na superfície das estruturas membranares de uma célula ou de um organelo celular. A imobilização de uma enzima facilita, portanto, o controlo e a determinação do efeito do microambiente na sua atividade catalítica.[30]

A imobilização de enzimas é essencial para a implementação de reacções catalíticas à escala industrial, e os vários processos têm de ser dominados pelos fabricantes.

- As diferentes técnicas de imobilização

A imobilização consiste na adição de vários compostos à enzima, tais como proteínas, açúcares, suportes sólidos, etc. Isto resulta diferentes tipos de preparações enzimáticas na forma de pó ou líquido para dar uma enzima revestida ou na forma de micrograñulos.

A escolha do tipo de imobilização depende muito da natureza da aplicação pretendida. Por exemplo, o acoplamento covalente da enzima é frequentemente utilizado para o desenvolvimento de biossensores, enquanto o encapsulamento de biomoléculas é adequado para a libertação em células vivas, a fim de libertar a molécula ativa no seu alvo durante os tratamentos terapêuticos. Além disso, devem ser tidas em conta as propriedades físico-químicas da enzima. As enzimas são sensíveis às variações de temperatura e de pH e apresentam uma atividade óptima dentro de uma gama específica destes parâmetros. Por conseguinte, é necessário associá-las à matriz em condições favoráveis à sua preservação, ou seja, desenvolver materiais híbridos em condições de síntese suaves (processos químicos suaves). Os diferentes modos de imobilização das enzimas e as diferentes matrizes de confinamento utilizadas.[31]

Existem quatro métodos principais de imobilização que envolvem diferentes processos físicos e químicos, como se mostra na Figura 1.

- Imobilização por adsorção.
- Imobilização por ligação covalente.
- Imobilização por inclusão.
- Imobilização por encapsulamento.

[36] [30] D. Combes, P. Monsan. Biocatálise ou catálise enzimática. *Techniques de l'ingénieur*, **2009,** 11, 1.
[37] M.F. Chaplin, C. Bucke. Enzyme Technology. *Cambridge University Press*, **1990.**

[38] [31] J. M. Guisan. Imobilização de Enzimas e Células. *Methods Biotechnol*, **2006**, 22.
U. Hanefeld, L. Gardossi e E. Magner, Understanding enzyme immobilisation (Compreender a imobilização de enzimas). *Chemical Society Reviews* **2009**, 38, 468.

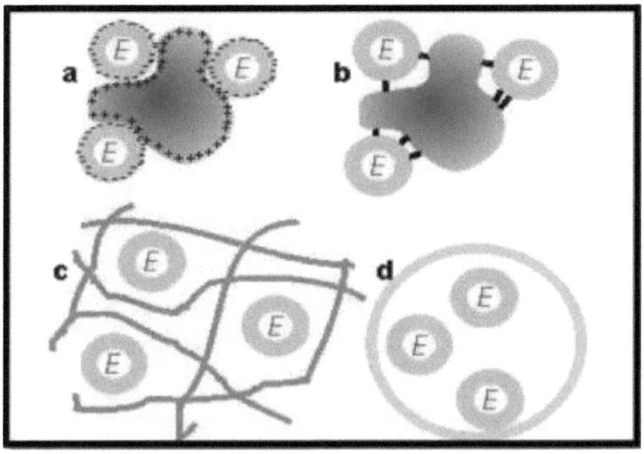

[32]**Figura 1-** *As diferentes técnicas de imobilização de enzimas* (a) Imobilização por adsorção; (b) Imobilização por ligação covalente; (c) Imobilização por inclusão; (d) Imobilização por encapsulamento .

a. Imobilização por adsorção

A adsorção enzimas em matrizes insolúveis é o método mais simples de imobilização. O procedimento a incubação da proteína com o adsorvente em condições adequadas (pH, temperatura). O material híbrido é recuperado após filtração ou centrifugação. As interações que existem entre a enzima e o adsorvente são interações fracas do tipo eletrostático ou de Van der Waals. No entanto, o processo de adsorção é reversível e pode, em determinadas condições de utilização, conduzir à dessorção da biomolécula e, por conseguinte, à alteração do material. No entanto, dos diferentes métodos de imobilização, a adsorção é o que induz a menor modificação do material. Outra vantagem importante da imobilização de enzimas é que as enzimas imobilizadas podem ter propriedades que podem ser exploradas em reacções realizadas em meios não aquosos. Normalmente, as enzimas nativas são activas em meios aquosos. Contudo, quando imobilizadas, as enzimas podem ter as suas propriedades catalíticas modificadas para lhes permitir manter a sua atividade catalítica em condições não aquosas. [33][34][35]Isto é importante porque essas enzimas podem ser utilizadas para transformações de substratos que só podem ser efectuadas em solventes orgânicos. [36]Por outro lado, as enzimas imobilizadas podem apresentar propriedades catalíticas em solventes

---

[32] M.F. Chaplin, C. Bucke. Enzyme Technology. *Cambridge University Press*, **1990.** conformação da enzima, tornando-a uma técnica preferida para imobilizar enzimas[41,42].

[33] M. M. Zheng, Y. Lu, L. Dong, P. M. Guo, Q. C. Deng, W. L. Li, Y. Q. Imobilização da lipase de Candida rugosa em partículas de sílica funcionais hidrofóbicas/forte permutadoras de catiões para a síntese biocatalítica de ésteres de fitosterol. *Tecnologia de recursos biológicos*, **2012**, 115, 141.

[34] A. Bastida, P. Sabuquillo, P. Armisen, R. Fernandez-Lafuente, J. Huguet e J. M. Guisan, A single step purification, immobilization, and hyperactivation of lipases via interfacial adsorption on strongly hydrophobic supports. *Biotecnologia e bioengenharia*, **1998,** 58, 486.

[35] V, Iyer, S. Padma, L. Ananthanarayan. Enzyme stability and stabilization-aqueous and non-aqueous environment. *Bioquímica de processos*. **2008,** 43, 1019.

[36] Klibanov, M. Alexander. Melhorar as enzimas utilizando-as em solventes orgânicos. *Nature*, **2001**, 409, 241.

orgânicos que diferem das observadas em meios aquosos.

É utilizada uma grande variedade de meios adsorventes, tanto em termos da sua estrutura química como das suas propriedades físicas (densidade, granulometria, porosidade). [37]Podem ser classificados em duas categorias.

> **Suportes inorgânicos:** aluminossilicatos, sílica, vidro poroso, óxidos metálicos, carvão ativado, argilas (bentonite, caulino), carbonato de cálcio, etc.

> **Substratos orgânicos:** podem ser naturais (colagénio, celulose, amido, agarose) ou sintéticos (polímeros acrílicos, polímeros metacrílicos, poliestireno, copolímeros, resinas de permuta iónica).

As quantidades de enzimas imobilizadas por adsorção são extremamente variáveis e dependem obviamente da natureza do suporte utilizado. Mesmo que este processo permaneça simples, tanto em termos de tecnologia como de aplicação, vários parâmetros influenciam eficácia da adsorção.

- Concentração de enzimas
- A área específica disponível por unidade de massa de suporte
- Tempo de contacto
- O ambiente de reação

b. Imobilização por ligação covalente

[38]A imobilização por ligação covalente foi desenvolvida com o objetivo de obter ligações muito fortes entre as enzimas e o suporte. Esta é a melhor forma evitar qualquer risco de libertação de moléculas de enzimas para o ambiente. Para conseguir a imobilização por ligação covalente, é necessário ativar primeiro o suporte de fixação ou a própria enzima. Trata-se de envolver os grupos funcionais reactivos ($-NH_2$, -OH, -SH, $-CO_2H$) de aminoácidos como a lisina, a histidina, a tirosina, o glutamato ou o aspartato, presentes na superfície da molécula de enzima, cuja reatividade química é muito limitada. A ligação covalente deve ser estabelecida em condições suaves para evitar qualquer desnaturação da enzima e impedir a alteração de qualquer grupo funcional.

[39]Podem distinguir-se dois grupos de métodos de imobilização por ligação covalente: num suporte insolúvel ou por ligação cruzada.

- **Imobilização por reticulação:** o princípio consiste em ligar as moléculas de enzimas entre si ou com outras proteínas utilizando um agente de reticulação como o glutaraldeído para obter macroestruturas insolúveis.

---

[37] E. Brown, B. Jean-François. A catálise enzimática. Techniques de l'ingénieur, **1992**, 240, 1.

[38] L. Ren, J. He, S. Zhang, D.G. Evans, X. Duan, Imobilização da penicilina G acilase em hidróxidos duplos em camadas revestidos por iões glutamato. *Journal of Molecular Catalysis B: Enzymatic*, **2002**, 183, 11,

[39] D. Combes, P. Monsan. Biocatálise ou catálise enzimática. *Techniques de l'ingénieur.* **2009**,11, 590.

- **Imobilização em suporte:** colocação da enzima em contacto com um suporte ativado que contém grupos suficientemente reactivos para reagir com os da enzima em condições compatíveis com a preservação da atividade catalítica.

A imobilização de enzimas por este método de preparação pode ser adaptada a uma grande variedade de matrizes e agentes de ligação, em particular para o desenvolvimento de biossensores.

[40]A tirosinase (PPO) foi imobilizada numa película de polímero através de ligações covalentes entre a enzima e um polímero condutor, o poli-(3-aminopropilpirrol), para desenvolver um biossensor para o fenol, uma molécula tóxica para o ambiente. A ligação é criada por acoplamento peptídico entre os grupos amina livres presentes na superfície do polímero e os grupos ácido carboxílico da enzima (Figura 1), durante uma hora numa solução tampão fosfato (0,1 M, pH=7,2). Estes resultados mostram que o polímero pode ser como uma plataforma de imobilização para desenvolver eléctrodos modificados para biossensores. Além disso, o baixo custo e a simplicidade do método de imobilização oferecem outras vantagens para este tipo de utilização.

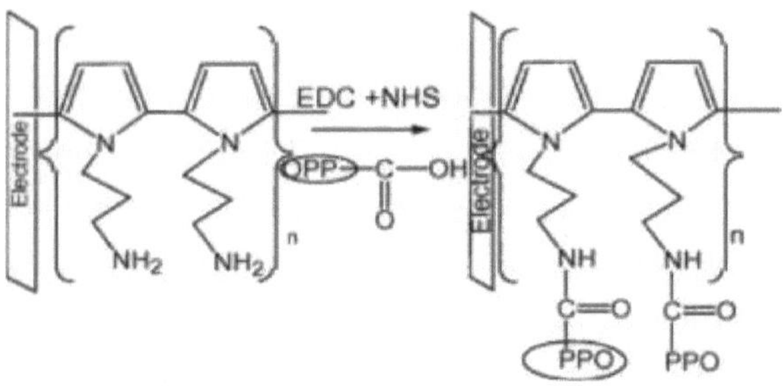

Diagrama 1- *Etapas envolvidas na formação do biossensor*

c. Imobilização por inclusão

O princípio da inclusão consiste em manter a enzima presa na matriz de um polímero ou numa microcápsula. São frequentemente utilizados vários polímeros, como o alginato, o quitosano, o gel de poliacrilamida ou o gel de amido. Para tal, a enzima é dissolvida numa solução aquosa de monómeros que contém igualmente um agente de reticulação. Os co-monómeros são então polimerizados a baixa temperatura para formar uma rede tridimensional na qual a enzima é retida. Esta imobilização deve, evidentemente, deixar o sítio ativo livre e acessível ao substrato[49,50].

d. Imobilização por encapsulamento

Esta técnica envolve o envolvimento das enzimas num material permeável e flexível que as

[40] K. R. Kaneto, Um novo biossensor de tirosinase baseado na imobilização covalente da enzima numa película de polímero de N-(3-aminopropil) pirrolo. *Current Applied Physics*, **2005**, 5, 178.

isola e protege parcialmente do ambiente exterior. [41][42][43]O catalisador pode ser confinado num gel de polímero ou dentro de uma cápsula.

A imobilização neste caso é física e não química, ao contrário da imobilização por ligação covalente, por exemplo. A matriz deve permitir a difusão apenas de pequenas moléculas (nomeadamente substratos e produtos de reação), mas não deve, em caso algum, permitir a difusão de moléculas maiores, incluindo enzimas. Estas matrizes podem ser inorgânicas (géis de sílica), orgânicas (nafion), poliméricas (poliacrilamida, poliuretanos) ou compósitas (pasta de carbono).

Este método de imobilização tem muitas vantagens: é económico, fácil de implementar e pode aplicado a um grande número de enzimas[52,53,54].

[44][45][46][47]Chen *et al.* aprisionaram a lipase numa matriz híbrida sol-gel orgânica-inorgânica preparada pela polimerização do tetrametoxisilano ($Si(OCH_3)_4$) com o alquiltrimetoxisilano ($RSi(OCH_3)_3$). As condições óptimas de preparação determinadas de modo a obter a melhor dispersão das enzimas. As interações lipofílicas entre os domínios hidrofóbicos da enzima e os grupos alquilo funcionalizados no gel ($RSi(O^-)_3$) desempenham um papel fundamental na fixação da biomolécula numa conformação mais ativa. Para comparação, a lipase livre foi liofilizada a partir de uma solução tampão (0,1M) a pH= 7,2 e armazenada a -20°C. A percentagem de proteína imobilizada foi de 95% e a atividade específica da lipase resultante foi 59 vezes superior à da lipase liofilizada não imobilizada. A enzima imobilizada mostrou maior estabilidade à temperatura e ao armazenamento do que a enzima livre.

[48]Livage *et al* demonstraram a viabilidade de encapsular bactérias num gel de sílica produzido por um processo sol-gel (Figura 2). Este trabalho mostrou que a integridade celular era mantida num gel húmido e que a atividade enzimática era reforçada pela dispersão das bactérias na matriz. No entanto, a secagem do gel resultou numa perda de atividade enzimática.

[41] E. Brown, B. Jean-François. A catálise enzimática. *Techniques de l'ingénieur*, **1992**, 240, 1.
[42] B. Christophe. Lipases imobilizadas e suas aplicações, *Biotecnologia, Agronomia, Sociedade e Ambiente*, **2008**, 12, 68.
[43] D. Sumitra, R. Christena, R. S. R. Yamuna. Imobilização de enzimas: uma visão geral sobre técnicas e materiais de suporte. *Biotech*, **2013**, 3, 9.
[44] G. Iqbal, A. Ballesteros. Bioencapsulação em polímeros sintéticos (Parti): biológicos encapsulados em sol-gel. *Tibtech*, **2000**, 18, 296.
[45] M. Maciej, A. Krywko-Cendrowska, P. Krysinski, J. Rogalski. Encapsulamento de lacase numa matriz polimérica condutora: uma via simples. *Synthetic Metals*, **2009**, 159, 1738.
[46] L. Zhang, Y. Jiang, Sh. Jiafu, S. Xiaohui, Li Jian, microcápsulas híbridas polímero-inorgânicas biomiméticas para encapsulamento de álcool desidrogenase de levedura. *Reactive & Functional Polymers*, **2008**, 68, 151.
[47] J.P. Chen, W.S. Lin, pós de sol-gel e polímeros de sol-gel suportados para imobilização de lipase na síntese de ésteres. *Enzyme and Microbial Technology*, **2003**, 32, 801.
[48] S. Fennouh, S. Guyon, C. Jourdat, J. Livage, C. Roux, Encapsulamento de bactérias em géis de sílica. *Comptes Rendus de lAcadémie des Sciences-Series IIC-Chemistry*, **1999**, 625.

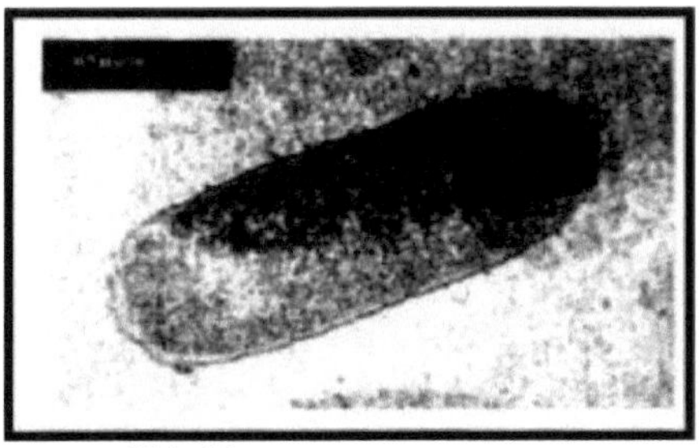

Figura 2- Bactérias presas num gel húmido

A imobilização pode também ser efectuada em cápsulas esféricas feitas de materiais cujo tamanho pode ser ajustado de nanómetros a micrómetros, dependendo do tamanho das biomoléculas a imobilizar. A biomolécula pode ser confinada, por exemplo, em esferas de alginato, lipossomas ou partículas de ouro. A preparação destes materiais é altamente orientada e principalmente à investigação médica para a libertação controlada de moléculas terapeuticamente activas em células-alvo.

A microscopia eletrónica de transmissão pode ser utilizada para verificar a eficácia da captura de enzimas ou células no interior das cápsulas. Por exemplo, no caso imobilização de células de mioblastos C2C12 numa microcápsula de alginato (Figura 3).

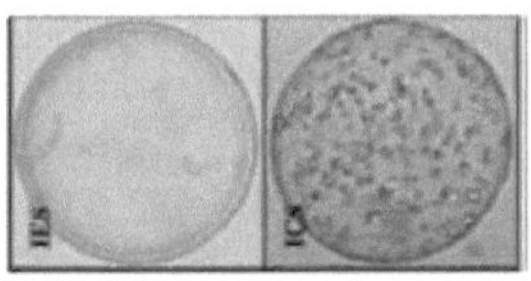

a) b)

***Figura 3** - Cápsula a) sem e b) com células*[57]

O último exemplo diz respeito imobilização da peroxidase de rábano (HRP) em partículas ocas de ouro. O método de preparação envolve i) a formação de micelas reversas que encapsulam a HRP, ii) o crescimento de partículas de ouro na superfície das micelas e depois iii) a solubilização das micelas orgânicas deixando as nanopartículas ocas de ouro contendo a enzima. A figura 4 mostra o diagrama de reação para este tipo de síntese. A difusão das pequenas moléculas de substrato através dos poros das partículas de ouro é eficaz. A enzima permanece quimicamente ativa, permitindo a ocorrência de reacções catalíticas. [4950]

---

[57] G. Orive, R. M Hernandez, A.R. Gascon, M. Igartua, J. P. Pedraz, Microcápsulas preparadas com diferentes biomateriais para imobilizar fibroblastos 3T3 secretores de GDNF. *Revista Internacional de Farmácia*, **2003**, 259, 68.

[58] R. Kumar, A. N Maitra, P. K. Patanjali *et al.* Hollow gold nanoparticles encapsulating horseradish peroxidase. *Biomaterials*. **2005**, 26, 6743.

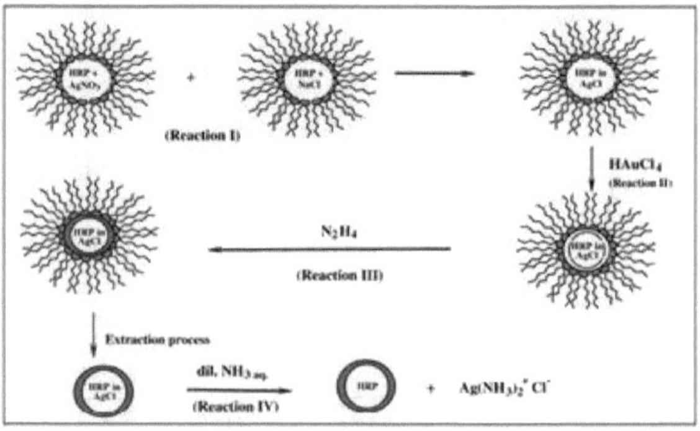

Figura 4- *Encapsulamento da enzima numa partícula oca de ouro*[51]

[52]As enzimas podem também ser tornadas mais estáveis através da utilização de tensioactivos (formação de micelas) como agente de contenção. Esta é a técnica de revestimento.

O revestimento enzimático é uma técnica utilizada para proteger as proteínas das tensões do ambiente de reação (pressão, solvente, cisalhamento mecânico, etc.). Em geral, pode ser conseguido através do aprisionamento ou encapsulamento das enzimas numa matriz de surfactante ou polímero. É utilizada uma grande variedade de polímeros, desde alginatos de sódio a polímeros de sílica.

A maior parte dos procedimentos de preparação são relativamente simples e são efectuados em condições suaves, frequentemente à temperatura ambiente, e envolvem principalmente a mistura de uma solução aquosa da lipase com uma solução alcoólica do tensioativo utilizando ultra-sons. O resultado é uma enzima confinada numa micela (Figura 5). A questão mais crítica na preparação lipases revestidas com tensioactivos é a escolha do tensioativo. É de notar que alguns deles contêm funções éster, o que significa que existe o risco de serem degradados pelas lipases utilizadas. Deste ponto de vista, os tensioactivos sem funções éster são uma escolha mais segura, especialmente quando a reação se prolonga no tempo. Os ésteres sorbitantes têm sido frequentemente utilizados para preparar lipases revestidas de tensioactivos, sendo o monoestearato de sorbitano (span 60) o mais popular.

---

[51] R. Kumar, A. N Maitra, P. K. Patanjali *et al.* Hollow gold nanoparticles encapsulating horseradish peroxidase. *Biomaterials.* **2005**, 26,

[52] P.V. Iyer, L. Ananthanarayan, Enzyme stability and stabilization: Aqueous and nonaqueous environment, *Process Biochemistry*, **2008,** 43, 1019.

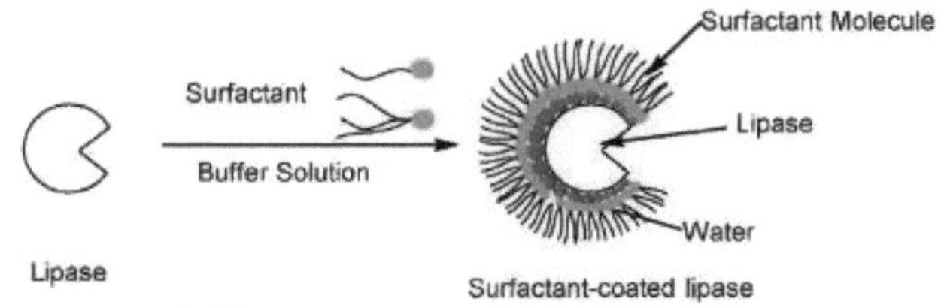

Figura 5- *Revestimento enzimático*

Até à data, a imobilização é a melhor forma evitar o impacto negativo dos meios de reação na estrutura das enzimas. A simplicidade dos processos e as condições suaves associadas também os tornam comercialmente atractivos, mesmo que o custo dos precursores seja adicionado ao das enzimas a imobilizar.

CAPÍTULO 2

Modificação das lipases

[53,54,55,56,57,58,59]Recentemente, a investigação sobre reacções enzimáticas em meios orgânicos tem atraído mais atenção como um novo procedimento de síntese orgânica. As lipases são também amplamente utilizadas em várias sínteses orgânicas, nomeadamente na esterificação[61,62]. As lipases têm uma elevada estabilidade e atividade e são convencionalmente utilizadas em meios aquosos e orgânicos[63,64]. No entanto, a utilidade destas enzimas em processos industriais é limitada pela sua tendência para serem desnaturadas e inactivadas quando expostas a solventes orgânicos. desenvolvidas com sucesso abordagens para ultrapassar este problema[65,66]. [60,61,62,63,64]A imobilização da lipase livre em suportes adequados através de vários processos, tais como a adsorção ou o encapsulamento em tensioactivos não iónicos[68,69], são técnicas que dão geralmente bons resultados e um aumento considerável da atividade catalítica[(70,71)]. As vantagens mais significativas das enzimas modificadas são os seus procedimentos de preparação simples e a sua boa solubilidade numa vasta gama de solventes orgânicos.

a. Modificação de lipases por imobilização (adsorção)

[65]A lipase *pancreática porcina* e a lipase *de Candida cylindracéa* são imobilizadas em celite e sílica, que são suportes microporosos, através do processo de adsorção. A adsorção física é o método mais simples de imobilização de enzimas. Implica que uma solução enzimática, normalmente aquosa, seja simplesmente posta em contacto com um material selecionado utilizado como suporte. A adsorção ocorrerá desde que as interações enzima-suporte sejam

[53] N. Kamiya, M. Goto, F.Nakashio. Lipase revestida com surfactante adequada para a resolução enzimática do mentol como biocatalisador em meios orgânicos. *Biotechnologie. Progress*. **1995**, 11, 270.

[54] K.P. Dhake, D.D. Thakare. B.M. Bhanage. Lipase: Um potencial biocatalisador para a síntese de valiosos compostos de ésteres de sabor e fragrância. *Flavour Fragr. J.* **2013**, 28, 71.

[55] M.J. Ferrer, J.P. Francisco, N. López-Cortés, D. Reyes-Duarte, M. Christensen, J.L. Copa-Patiño, A. Ballesteros. Síntese de ésteres de açúcar em misturas de solventes por lipases de *Thermomyces lanuginosus* e *Candida antarctica* B e suas propriedades antimicrobianas. *Tecnologia enzimática e microbiana.* **2005**, 36, 391.

[56] A.M. Klibanov. Melhorar as enzimas utilizando-as em solventes orgânicos. *Nature*, **2001**, 108, 241.

[57] A. Zaks, A.M. Klibanov, Enzyme-catalyzed processes in organic solvents, *Proceedings of the National Academy of Sciences*, **1985**, 82, 3192.

[58] D. Feng-Xia, L. Zhang, T. Xiao-Zuo, Ch. Hong-Bing, W. Xiu-Li e W. Yu-Zhong, lipase revestida com líquido iónico: síntese verde de poli (1,4-dioxano-2-ona) de elevado peso molecular. *Jornal de Catálise Molecular B: Enzimática.* **2012**, 77, 46.

[59] T. Mori, S. Kishimoto, K. Ijiro, A. Kobayashi e Y. Okahata. A Lipase Lipid-Coated Lipase as an Efficient Hydrolytic Catalyst in the Two-Phase Aqueous-Organic System, *Biotechnology and bioengineering.* **2001**, 76, 157.

[60] N. Bouzaouit, C. Bidjou-Haiour. Estudo Metodológico de Superfície de Resposta da Síntese de Laurato de Glicose Catalisada por Lipase Imobilizada de *Candida cylindraceaBiological Forum-An International Journal.* **2016**, 81, 420.

[61] V. Dandavate e D. Madamwar, Nova abordagem para a síntese de isovalerato de etilo utilizando lipase *de Candida rugosa* revestida com surfactante imobilizada em organogéis à base de microemulsão, *Enzyme and microbial technology*. **2007**, 41,265.

[62] Y. Okahata e T. Mori, Lipid-coated enzymes as efficient catalysts in organic media, *Trinds in Biotechnolgy.* **1997**, 4, 15.

[63] N. Klai, C. Bidjou-Haiour. S. Bouquillon. Surfactantes à base de D-Xilose: Síntese, caraterização e estudos de modelagem molecular, *Comptes Rendus Chimie.* **2015**, 18, 599.

[64] A.M. Klibanov, Improving enzymes by using them in organic solvents, *Nature*, **2001**, 108, 241-246.

[65] N. Bouzaouit, C. Bidjou-Haiour. Estudo metodológico de superfície de resposta da síntese de laurato de glicose catalisada por lipase imobilizada de candida cylindracea, *Forum-An International Journal.* **2016**, 81,420.

suficientemente fortes. [666768]No caso das lipases, a interação hidrofóbica é a mais comum, mas as interações iónicas com permutadores de iões nos materiais também podem ser úteis.

Uma vez que as lipases se adsorvem espontaneamente a superfícies hidrofóbicas em soluções aquosas em maior grau do que a maioria das outras proteínas, este método pode ser utilizado para a imobilização de lipases[74,75]. [69]É interessante notar que a adsorção no suporte conduz frequentemente a um aumento da atividade catalítica da lipase. Isto é interpretado como sendo devido a interações hidrofóbicas entre o suporte e parte molécula de lipase, fazendo com que a tampa se abra para dar a conformação ativa, em analogia com a ativação interfacial causada por uma fase de substrato hidrofóbico.

b. Modificação das lipases por encapsulamento (revestimento)

[70]Outra forma de obter preparações enzimáticas altamente activas em meios orgânicos consiste em preparar microcristais revestidos de proteínas (enzimas) (PCMC). As mesmas lipases (CCL e PPL) são então revestidas com tensioactivos não iónicos.

Neste método, uma solução aquosa de enzima é misturada com uma solução concentrada de um excipiente, que é normalmente um composto inorgânico ou orgânico, sal, ésteres sorbitantes (span, twin...) ou um aminoácido. A solução mista é lentamente adicionada a um solvente orgânico miscível em água para induzir a precipitação da enzima. O fenómeno de superfície significa que a enzima mantém a sua atividade e permite uma transferência de massa eficiente de substratos e produtos. [71]O propanol ou o etanol com um baixo teor de água são bons solventes para a preparação de PCMCs, mas também podem ser utilizados outros solventes. [72]As PCMC de lipases expressam actividades até 200 vezes superiores às das mesmas enzimas na forma livre. Na maioria dos estudos relatados, as moléculas de enzima em PCMCs não foram reticuladas. No entanto, foi avaliada a reticulação com glutaraldeído, produzindo microcristais reticulados revestidos com proteínas. [737475]Poder-se-ia esperar que

---

[66] M. M. Zheng, Y. Lu, L. Dong, P. M. Guo, Q. C. Deng, W. L. Li, Y. Q. Feng e F. H. Huang, Imobilização da lipase de Candida rugosa em partículas de sílica funcionais hidrofóbicas/forte permutadoras de catiões para a síntese biocatalítica de ésteres de fitosterol. *Bioresource technology*, **2012**, 115, 141.

[67] T. Gitlesen, M. Bauer e P. Adlercreutz, Biochim. Adsorção de lipase em pó de polipropileno. *Biochimica et Biophysica Ata (BBA)-Lipids and Lipid Metabolism,* **1997**, 1345, 188.

[68] R. Fernandez-Lafuente, P. Armisen, P. Sabuquillo, G. Fernandez-Lorente e J. M. Guisan, Immobilização de lipases por adsorção selectiva em suportes hidrofóbicos. *Química e física dos lípidos*, **1998**, 93, 185.

[69] A. Bastida, P. Sabuquillo, P. Armisen, R. Fernandez-Lafuente, J. Huguet e J. M. Guisan, Purificação, imobilização e hiperactivação de lipases num único passo através da adsorção interfacial em suportes fortemente hidrofóbicos. *Biotecnologia e* **bioengenharia1998**, 58, 486.

[70] M. Kreiner, B. D. Moore e M. C. Parker, Chem. Commun. Enzyme-coated micro-crystals: a 1-step method for high activity biocatalyst preparation. *Chemical communications.* **2001**, 1096-1097.

[71] M. Kreiner, J. F. A. Fernandes, N. O'Farrell, P. J. Halling e M.-C. Parker, Stability of protein-coated microcrystals in organic solvents. *Journal of Molecular Catalysis B: Enzymatic.* **2005**, 33, 65-72.

[72] J. J. Zheng, L. Xu, Y. Liu, X. Y. Zhang e Y. J. Yan, Microcristais de K2SO4 revestidos com lipase: preparação, caraterização e aplicação na produção de biodiesel usando várias matérias-primas de óleo. *Bioresource Technology.* **2012**, 110, 224.

[73] S. Shah, A. Sharma, M. N. Gupta, Cross-linked protein-coated microcrystals as biocatalysts in non-aqueous solvents. *Biocatalysis and Biotransformation.* **2008**, 26, 266.

[74] M.A. Bradford, A rapid and sensitive method for the quantitation of microgram quantities of protein utilizing the principle of protein-dye binding, *Analytical biochemistry.* **1976**, 72, 248.

este procedimento fornecesse um biocatalisador mais resistente à fuga de enzimas, mas surpreendentemente a atividade catalítica foi superior à do PCMC correspondente sem reticulação para CRL e BCL em quatro solventes orgânicos diferentes.

c. Medição da concentração de lipases modificadas pelo método de Bradford

As lipases livres, CCL e PPL, são imobilizadas em dois suportes sólidos, celite e sílica. Em seguida, são encapsuladas com quatro tipos de ésteres de sorbitano: monoestearato de sorbitano (span 60), triestearato de sorbitano (span 65), monooleato de sorbitano (span 80) e trioleato de sorbitano (span 85). O método de Bradford é um ensaio colorimétrico que utiliza um corante, o azul de Coomassie brilhante G-256, que se liga às proteínas (a nossa enzima) por interações não covalentes a um pH ácido. Baseia-se na alteração da absorvância (a medição é efectuada a 595 nm), manifestada pela mudança de cor após a ligação (complexação) com os aminoácidos básicos (arginina, histidina, lisina) e os resíduos hidrofóbicos dos aminoácidos presentes na(s) proteína(s).

A concentração desconhecida da enzima é então determinada através da leitura da absorvância correspondente. A equação da curva de calibração é utilizada para calcular o seu valor[81,82].

- Cálculo das concentrações de enzimas modificadas

[76]De acordo com o método de ensaio de proteínas de Bradford, a concentração de proteínas desconhecidas pode ser determinada utilizando a curva de calibração da BSA (*albumina de soro bovino*), que dá a seguinte equação **f(C)= a A + b**.

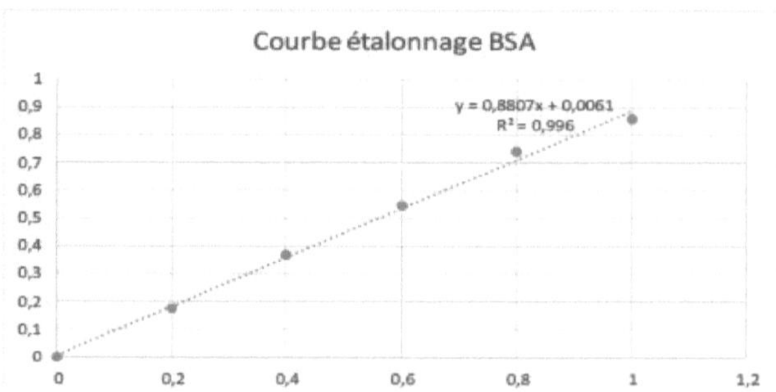

Figura 6 *- Curva de calibração de BSA*

Utilizando a relação derivada da curva padrão "Y= 0,8807 X + 0,0061", calcula-se a concentração de lipases modificadas:

[75] S.M. Gotham, P.J. Fryer, W. Paterson, The measurement of insoluble proteins using a modified Bradford assay, *Analytical biochemistry.* **1988**, 173, 353.

[76] M. M. Bradford, A rapid and sensitive method for the quantitation of microgram quantities of protein utilizing the principle of protein-dye binding. *Analytical biochemistry*, **1976**, *72*, 248.

Y: absorvância a λ=595nm

X: concentração de proteínas

Os resultados obtidos são apresentados nos quadros seguintes.

Quadro 1- *Influência da modificação no caso do CDC.*

Lipase	C (mg/ml)	TP (%)
CCL em	X=0,650	32,5
O CCL é	X=0,565	28,25
CCL C80	X=0,700	35
CCL C85	X=0,500	25
CCL C60	X=0,580	29
CCL C65	X=0,825	41,25

C- *Concentração,* ***TP***- *Teor de proteínas, Rdtim- Eficiência de imobilização,* ***Ic***- *Imobilização em celite,* ***Is***- *Imobilização em sílica,* ***C80***- *Coted span 80,* ***C85-Coted*** *span 85,* ***C60***- *Coted span 60,* ***C65***- *Coted span 65.*

Quadro 2- *Influência da modificação no caso da PPL.*

Lipase	C (mg/ml)	TP (%)
PPLIc	X=0.570	28.5
PPL É	X=0.520	26
PPL C80	X=0.835	41.75
PPL C85	X=0.750	37.5
PPL C60	X=0.780	39
PPL C65	X=0.860	43

C- *Concentração,* ***TP***- *Teor de proteínas, Eficiência de imobilização,* ***Ic***- *Imobilização em celite,* ***Is***- *Imobilização em sílica,* ***C80***- *Coted span 80,* ***C85-Coted*** *span 85,* ***C60***- *Coted span 60,* ***C65***- *Coted span 65.*

A modificação das enzimas livres por adsorção em celite permitiu obter teores proteicos de 32,5% para a CCL e 28,5% para a PPL. Com sílica, obtemos 28% e 26%, respetivamente, para CCL e PPL. [77]Isto mostra que a celite pode ser um suporte adequado para imobilizar lipases livres.

Estes materiais apresentam algumas caraterísticas interessantes. Têm poros de diâmetro uniforme, uma área de superfície específica muito elevada e um grande volume de poros. São também inertes e estáveis a altas temperaturas. As lipases têm uma superfície com um

[77] R. Reshmi, S. Sugunan, Actividades superiores de lipase imobilizada em suportes de argila pura e hidrofóbica: Estudos de caraterização e atividade catalítica, *Journal of Molecular Catalysis B: Enzymatic* **2013**, 97, 36.

carácter hidrofóbico e as interações hidrofóbicas desempenham provavelmente um papel importante no processo de adsorção. As ligações físicas, como as forças de Wan der Waals, podem também entrar em jogo e promover o contacto entre a lipase e o suporte. Por conseguinte, a técnica envolve o confinamento da enzima num espaço ou numa rede para restringir a sua mobilidade. O confinamento das enzimas à superfície dos macroporos (vários micrómetros de diâmetro) torna-as continuamente acessíveis aos reagentes em solução. [78]Além disso, a natureza do suporte de imobilização permite a retenção água no meio, aumentando assim atividade da enzima.

A modificação das enzimas livres através do revestimento permite obter teores proteicos variáveis. Os valores mais elevados são obtidos com 65, 41% e 43%, respetivamente, com CCL e PPL.

[79]As novas lipases revestidas foram obtidas por agregação da lipase e do surfactante numa solução tampão seguida de sonicação. A concentração de proteína foi igual em todas as experiências e dispersa num sistema aquoso. O pó amarelo obtido é insolúvel em água. Foi investigado o efeito da fonte de energia no teor proteico do complexo tensioativo-lipase. O teor proteico do complexo lipase-surfactante depende significativamente da fonte de "span" utilizada para o revestimento. É influenciado pela textura da fibra de vidro. É igualmente influenciado pelo comprimento e pelo número de cames do resíduo de ácido gordo do éster de sorbitano. As caraterísticas estruturais dos tensioactivos utilizados são indicadas quadro seguinte.

Quadro 3- *Caraterísticas físico-químicas dos vãos*

Éster de sorbitati	Caraterísticas	BHL	TPCCL (%)	TPPPL (%)
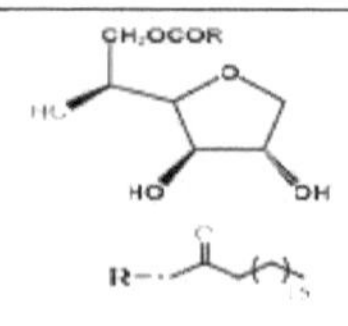	**Span 60** Três grupos hidroxilo e uma cadeia saturada.	4,7	29	39
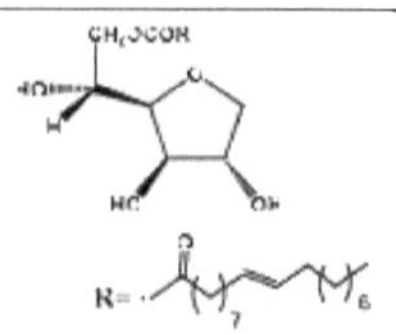	**Alcance 80** Três grupos hidroxilo e uma cadeia insaturada.	4,3	35	41,75

[78] L. F. Garcia, V. Gotor, Transesterificação catalisada por lipase em meio orgânico: efeitos do solvente no equilíbrio e constantes de velocidade individuais. *Biotecnologia e bioengenharia.***1998**, 59, 684.

[79] M. Persson, I. Mladenoska, E. Wehtje, P. Adlercreutz, Preparação de lipases para utilização em solventes orgânicos. *Enzyme and Microbial Technology*, **2002**, *31*, 833.

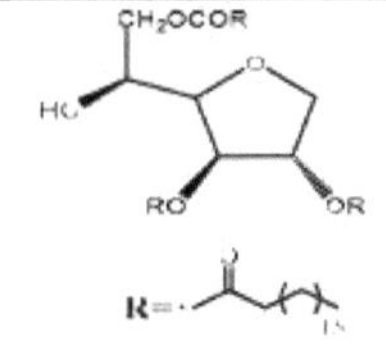	**Alcance 65** Um grupo hidroxilo e três cadeias saturadas.	2,1	42	43
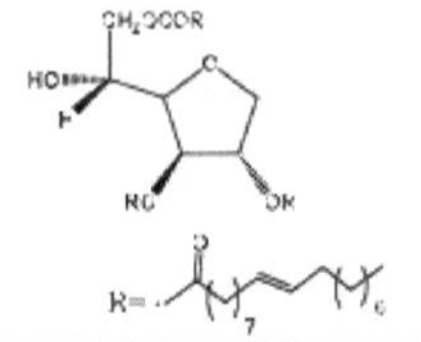	**Span 85** Um grupo hidroxilo e três cadeias insaturadas.	1,8	25	37,5

De acordo com os valores obtidos, o teor proteico (TP) do complexo resultante depende do equilíbrio hidrofóbico-lipofílico (HLB) do tensioativo utilizado durante o processo de modificação. Os resultados mostram que se obtêm quantidades mais elevadas do complexo enzima-surfactante quando a lipase é revestida por um éster de sorbitano que contém um resíduo de ácido gordo de três câmaras do tensioativo. Quanto mais baixo for o HLB do tensioativo, mais elevada é a sua hidrofobicidade, pelo que o teor proteico é mais elevado.

[80]Este facto deve-se provavelmente à natureza hidrofóbica da lipase, cuja superfície é constituída principalmente por aminoácidos não polares. [81]As moléculas não polares e fracamente polarizáveis tendem a agrupar-se para formar complexos nos quais ocorrem interações hidrofóbicas entre certas fracções de proteínas e o tensioativo. [82]As ligações de hidrogénio entre os grupos hidroxilo e as aminas livres da lipase podem igualmente desempenhar um papel importante na estabilização do complexo.

O processo de imobilização preserva quantidades bastante grandes de proteínas, tanto no processo de imobilização como no de encapsulamento.

[80] V.V. Mozhaev, I.V. Berezin, K. Martinek. Relação estrutura-estabilidade em proteínas: tarefas fundamentais e estratégia para o desenvolvimento de catalisadores enzimáticos estabilizados para biotecnologia, *Critical Reviews in Biochemistry*. **1988**, 3, 235.

[81] Okahata Y. e Mori T., Lipid-coated enzymes as efficient catalysts in organic media, *Trends Biotechnology, 1997*, 4, 15.

[82] Y. Okahata, K. Ijiro. Uma lipase revestida de lípidos como um novo catalisador para a síntese de triglicéridos em solventes orgânicos, *Journal of the Chemical Society, Chemical Communications*. **1988**, 1, 1392.

III. Estudo estrutural da lipase *de Candida cylindracéa* modificada

1. Por encapsulamento com o intervalo 60 (CCL C60) e 65 (CCL C65)

Para caraterizar a lipase *de Candida cylindracéa* modificada por span 60 (CCL C60) e 65 (CCL C65), utilizámos a microscopia eletrónica de varrimento (SEM) combinada com a microanálise por energia dispersiva de raios X (EDX) e a difração de raios X (XRD).

A. Microscopia eletrónica de varrimento (SEM) associada a EDX

A microscopia eletrónica de varrimento é uma técnica observar a superfície de grandes espécies biológicas a uma escala nanométrica. Associada ao EDX, permite-nos visualizar a morfologia externa das lipases modificadas e determinar a sua composição química. [83]No final do processo de imobilização da lipase no suporte escolhido, a confirmação da adsorção é efectuada primeiro por SEM e depois por DRX .

As imagens obtidas para o CCL livre, os spans 60 e 65 e o biocatalisador revestido com tensioativo são apresentadas nas figuras seguintes:

***Figura** 7- Observação microscópica SEM do CCL livre*

A figura 7 mostra a imagem SEM de um agregado do pó de lipase nativa de *Candida cylindracèa*, que é predominantemente cristalino.

[83] K. Ramani, S. Karthikeyan, R. Boopathy, L. John Kennedy, A.B. Mandala, G. Sekaran. Carvão ativado mesoporoso funcionalizado à superfície para a imobilização de lipase ácida e sua aplicação à hidrólise de óleo cozido usado: estudos isotérmicos e cinéticos. *Bioquímica de processos*. **2012,** 47, 435.

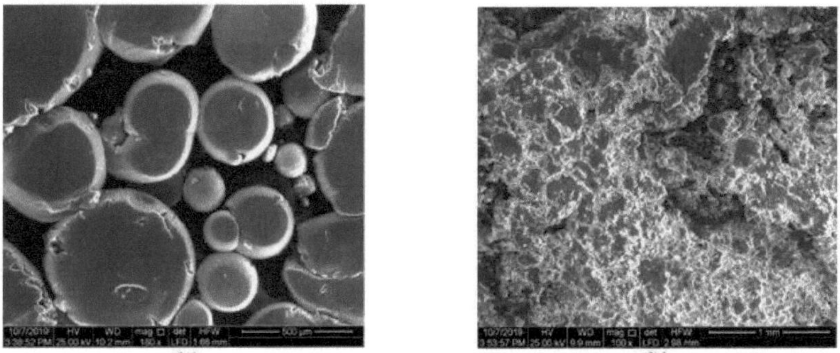

(a) (b)

Figura 8- *Observações microscópicas SEM de* ***(a)*** *span 60 e* ***(b)*** *CCL C60*

As figuras 8a e 8b mostram imagens SEM do span 60 antes e depois da complexação com lipase, respetivamente.

[84]A imagem SEM mostrada na figura 8b mostra claramente que a lipase está bem encapsulada pela cobertura. [85]Foram obtidos resultados semelhantes na literatura. Os resultados da microanálise de EDX também sugerem que a lipase foi bem encapsulada pela span 60 (Tabela 4).

Quadro 4- *Dados EDX para o CCL C60.*

	CCL		***Span 60***		***CCL C60***	
Elemento	% da massa	% atómica	% massa	% atómica	% massa	% atómico
CK	10.91	13.71	81.48	85.37	47.14	54.02
NK	17.01	18.32			4.02	3.95
O K	72.08	67.98	18.51	14.63	48.85	42.03

A micrografia mostra claramente uma diferença de morfologia que se deve à presença de pequenas formas adsorvidas na superfície do suporte. Isto é ainda sugerido pelos resultados da análise EDX realizada nestes pontos, onde obtivemos percentagens em massa dos elementos carbono, azoto e oxigénio entre as obtidas para o suporte e o biocatalisador separadamente.

Os resultados das análises EDX apresentados no quadro 4 indicam as composições elementares dos diferentes elementos presentes nas amostras estudadas. A microanálise do pó

[84] N. Rezgui, C. Bidjou-Haiour. Estudo físico e químico de *Candida cylindracea* revestida com ésteres de sorbitano. *Pesquisa Jornal de Química e Ambiente.* **2021**, 25, 10.

[92] K. Ramani. S. Karthikeyan. R. Boopathy, L. John Kennedy. A.B. Mandala, G. Sekaran. Carvão ativado mesoporoso funcionalizado de superfície para a imobilização de lipase ácida e sua aplicação à hidrólise de óleo cozido residual: estudos isotérmicos e cinéticos", *Bioquímica de processos*. **2012,** 47, 435.

de lipase nativa mostra três picos maioritários específicos de carbono, azoto e oxigénio, respetivamente 10,91%, 17,01% e 72,08%.

- Os picos para o span 60 são o carbono (81,48%) e o oxigénio (18,51%).
- No caso da lipase CCL C60 modificada, os picos relativos ao carbono (47,14%), ao azoto (4,02%) e oxigénio (48,85%) (quadro 4).

A composição de lipase modificada mostra claramente a presença de um pico de azoto que não existe na composição de suporte, confirmando o encapsulamento.

A lipase é também revestida com span 65. As figuras 9a e 9b mostram imagens SEM do span 65 antes e depois da complexação com a lipase, respetivamente.

a) b)

Figura 9- *Observações microscópicas SEM de **a)** span 65 e **b)** CCL C65*

As mesmas observações foram feitas para o CCL C65, nomeadamente a boa integração da lipase no seu suporte, confirmada pelas imagens SEM.

Os resultados da microanálise EDX também sugerem que a lipase foi bem revestida pelo span 65 (Tabela 5).

Tabela 5- *Dados EDX para CCL C65.*

	CCL		*Alcance 65*		*CCL C65*	
Elemento	% da massa	% atómica	% da massa	% atómica	% da massa	% atómica
CK	10.91	13.71	83.98	86.21	48.82	55.53
NK	17.01	18.32			6.22	6.07
O K	72.08	67.98	16.01	13.79	44.97	38.40

Este quadro mostra a composição elementar em percentagem dos pós obtidos por EDX. Estes resultados mostram claramente a presença de oxigénio, carbono e azoto. Como se pode observar, a microanálise do pó de lipase nativa mostra três picos maioritários específicos de carbono, azoto e oxigénio, respetivamente 10,91%, 17,01% e 72,08%.

- Os picos para o span 65 são o carbono (83,98%) e o oxigénio (16,01%).
- Para a lipase CCL C65 modificada, os valores para estes mesmos átomos são (48,82%) e (44,97%), respetivamente (Quadro 5).

Foram observadas percentagens de massa dos elementos carbono, azoto e oxigénio entre as obtidas para o suporte e o biocatalisador separadamente, com o aparecimento do pico de azoto (6,22%) para o biocatalisador revestido. Este facto confirma que o CCL livre foi encapsulado com sucesso pelo span 65.

B. Difração de raios X (XRD)

[86]A difração de raios X foi utilizada para determinar a localização da enzima adsorvida. Os difractogramas obtidos para as diferentes enzimas sintetizadas e para a lipase livre são apresentados nas Figuras 10 e 11. Os espectros XRD são registados em ficheiros RAW. Estes mostram que os ésteres de sorbitano são integrados com sucesso na estrutura da lipase.

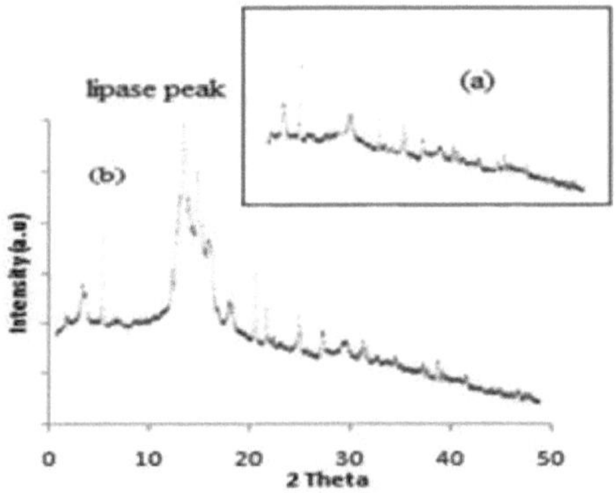

Figura 10- *Espectros de XRD de* ***(a)*** *span 65 e* ***(b)*** *CCL C65*

[86] S. Gupta, S. Yogesh, S. Javiya, M. Bhambi, C.S. Pundir, K. Singh e A. Bhattacharya. Estudo comparativo do desempenho de membranas de polissulfona assimétrica e de polietersulfona imobilizadas em lipase na hidrólise do azeite. *Revista internacional de macromoléculas biológicas.* **2008,** 42, 145.

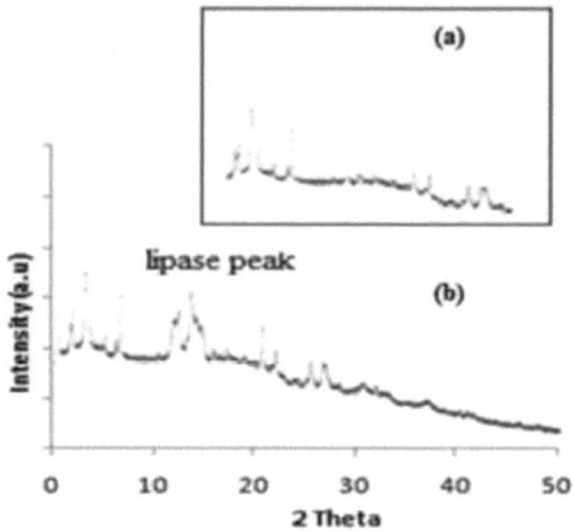

Figura 11- *Espectros de XRD de* ***(a)*** *span 60 e* ***(b)*** *CCL C60.*

A partir das figuras acima, o revestimento da lipase por ésteres de sorbitano é evidenciado pelo pico adicional de lipase nas Figuras 10 e 11. Estas figuras mostram também que a intensidade do pico da lipase é mais elevada para a adsorção no span 65 (Figura 10), se deve provavelmente a uma maior quantidade de lipase. O teor proteico do complexo lipase-surfactante depende significativamente da origem da cápsula. É igualmente influenciado pelo comprimento e pelo número de cadeias do resíduo de ácido gordo do éster sorbitano e, por conseguinte, pelo equilíbrio hidrófilo-lipófilo (HLB) do tensioativo, tal como acima explicado.

Verifica-se também que a ligação da lipase aos suportes não afecta a estrutura das fases que constituem os vãos 60 e 65. Não foi observada qualquer alteração nos picos caraterísticos, exceto o aparecimento do pico adicional da lipase.

2. Por imobilização em celite (CCL Ic)

Para comprovar a adsorção da lipase *de Candida cylindracéa* sobre a celite (CCL Ic), utilizámos a técnica de microscopia eletrónica de varrimento (SEM) combinada com a microanálise por energia dispersiva de raios X (EDX).

As imagens obtidas para o suporte sólido e para a lipase adsorvida na celite são apresentadas nas figuras seguintes:

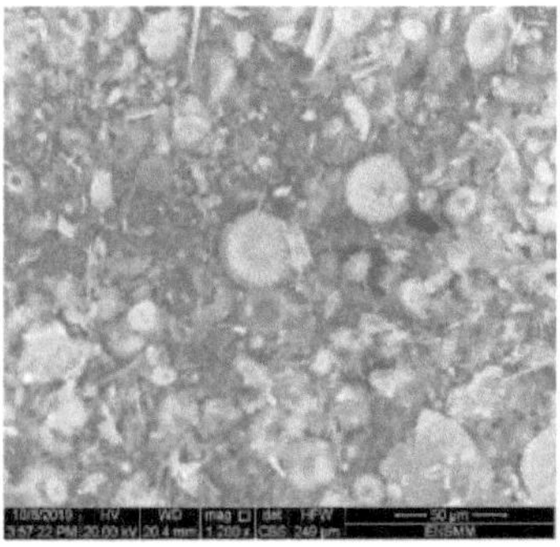 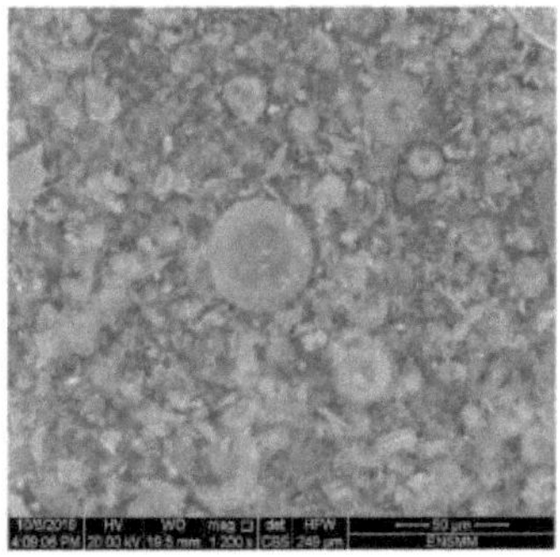

(a) (b)

Figura 12- *Observações microscópicas SEM de **(a)** celite e **(b)** CCL Ic*

A comparação imagem SEM obtida para a lipase livre (Figura 12) e as imagens das figuras a para o suporte em branco e b para o suporte carregado com lipase mostra claramente a adsorção do biocatalisador na celite. Este facto é também confirmado pelos resultados da análise EDX (Tabela 6).

Tabela 6 - *Dados da análise EDX do CCL.*

	CCL		*Celite*		*CCLIc*	
Elemento	% massa	% atómica	% massa	% atómica	% massa	% atómica
CK	10.91	13.71	10.78	13.54	6.83	8.80
NK	17.01	18.32	17.17	18.50	8.65	9.54
O K	72.08	67.98	72.05	67.96	84.52	81.66

Os resultados de EDX apresentados no quadro 6 são obtidos por tratamento XRD, que permite a energia (KeV) das linhas para identificar os átomos presentes na zona apontada pela sonda e obter as composições atómicas elementares dos diferentes pós. Estes resultados mostram claramente a presença de oxigénio, carbono e azoto.

O espetro dispersivo do pó de lipase nativa mostra três picos maioritários intensos e específicos de carbono, azoto e oxigénio, respetivamente 10,91%, 17,01% e 72,08%.

Para a celite, os picos são : C (10,78%), N (17,17%) e O (72,05%). Para a lipase modificada CCL Ic, os valores para estes mesmos átomos são respetivamente: (6,83%), (8,65%) e (84,5%). As percentagens mássicas dos elementos carbono, azoto e oxigénio entre os obtidos para o suporte e o biocatalisador separadamente mostram o sucesso da imobilização da lipase no seu suporte.

V. Estudo estrutural da lipase *pancreática porcina* modificada

a. Por encapsulamento com span 65 (PPL C65)

Para caraterizar a lipase *pancreática porcina* modificada com Span 65 (PPL C65), utilizámos a microscopia eletrónica de varrimento (SEM) combinada com a microanálise por energia dispersiva de raios X (EDX).

As imagens obtidas para o PPL livre, o span 65 e o biocatalisador revestido com tensioativo são apresentadas nas figuras seguintes:

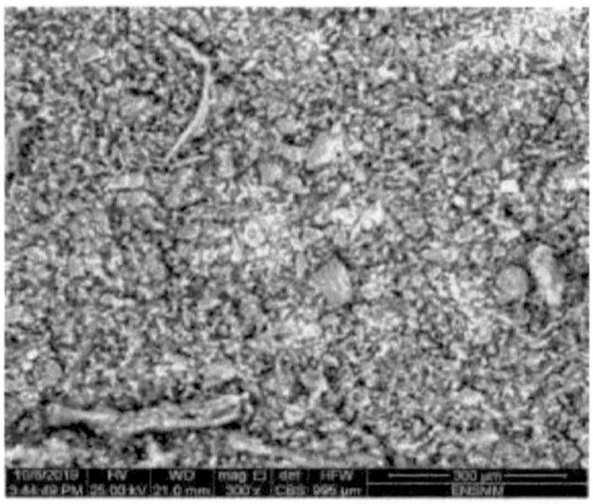

***Figura** 12 - Observação microscópica SEM da PPL livre*

A figura 12 mostra a imagem SEM de um agregado de pó de lipase *pancreática porcina* que é predominantemente cristalino.

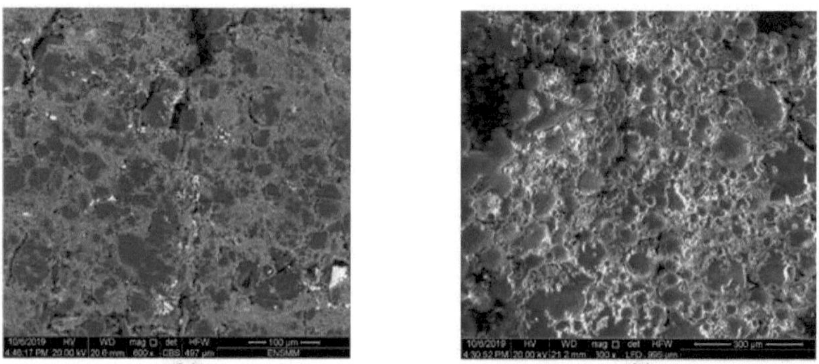

(a) *(b)*

***Figura** 13 - Observações microscópicas SEM **de (a)** span 65 e **(b)** PPL C65*

As figuras 13a e 13b mostram imagens SEM do span 65 virgem e da lipase após o revestimento, respetivamente.

A microscopia eletrónica de varrimento associada ao EDX permitiu-nos visualizar a morfologia externa da celite virgem e da celite carregada com PPL, a fim de confirmar a adsorção da lipase no suporte.

Os resultados da microanálise por EDX confirmam que a lipase foi efetivamente revestida com span 65 (quadro 7).

***Tabela** 7- Dados da análise EDX para o PPL C65.*

	PPL		*Alcance 65*		*PPL C65*	
Elemento	% massa	% atómica	% massa	% atómica	% massa	% atómica
CK	17.60	20.97	21.93	25.16	19.23	22.63
NK	42.18	43.08			47.91	48.34
O K	40.21	35.96	78.06	74.84	32.86	29.03

A análise EDX apresentada no quadro 7 permitiu identificar os átomos presentes na zona pontiaguda e obter as composições atómicas elementares dos diferentes pós. Estes resultados mostram claramente a presença de oxigénio, carbono e azoto.

O espetro dispersivo do pó de lipase nativa mostra três picos maioritários específicos de carbono, azoto e oxigénio, respetivamente 17,60%, 42,18% e 40,21%.

Para o span 65, os picos foram o carbono (21,93%) e o oxigénio (78,06%). Para a lipase modificada CCL Ic, os valores para estes mesmos átomos são respetivamente: (19,23%), (47,91%) e (32,86%).

O aparecimento do pico de azoto para a lipase modificada e as percentagens em massa dos elementos carbono, azoto e oxigénio incluídas ou próximas das obtidas para o suporte e o biocatalisador separadamente, mostram o sucesso da imobilização da lipase no seu suporte.

b. Por imobilização em celite (PPL Ic)

Para comprovar a adsorção da lipase *pancreática porcina* na celite (CCL Ic), utilizámos a técnica de Microscopia Eletrónica de Varrimento (SEM) combinada com a microanálise de Energia Dispersiva de Raios X (EDX).

As imagens obtidas para o suporte sólido e para a lipase adsorvida na celite são apresentadas nas figuras seguintes:

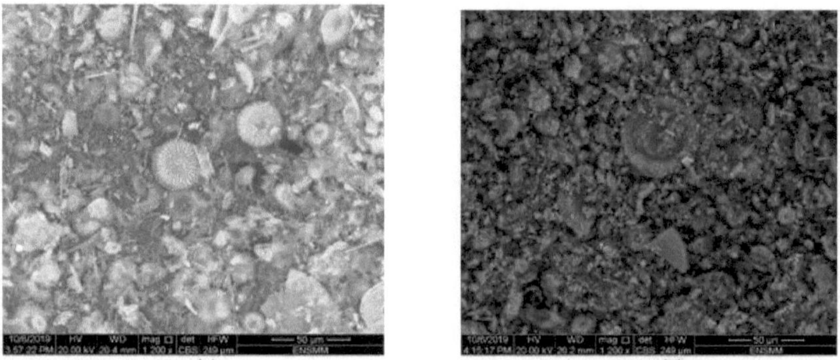

(a) *(b)*

Figura 14- *Observações microscópicas **(a)** celite, **(b)** PPL Ic por MEV*

***Tabela** 8- Dados da análise EDX para PPL Ic.*

	PPL		***Celite***		***PPL Ic***	
Elemento	% massa	% atómica	% massa	% atómica	% da massa	% atómica
CK	17.60	20.97	10.78	13.54	1.43	1.63
NK	42.18	43.08	17.17	18.50	98.57	98.37
O K	40.21	35.96	72.05	67.96		

A análise EDX apresentada no quadro 8 permitiu identificar os átomos presentes na zona pontiaguda e obter as composições atómicas elementares dos diferentes pós. Estes resultados mostram claramente a presença de oxigénio, carbono e azoto.

O espetro dispersivo do pó de lipase nativa mostra três picos maioritários específicos para o carbono, o azoto e o oxigénio: 17,60%, 42,18% e 40,21%, respetivamente.

Para a celite, os picos são : C (10,78%), N (17,17%) e O (72,05%).

Para a lipase modificada PPL Ic, os valores para os átomos de carbono e azoto são (101,43%) e (98,57%), respetivamente.

As percentagens em massa dos elementos carbono, azoto e oxigénio, iguais ou próximas das obtidas para o suporte e o biocatalisador separadamente, mostram o sucesso da imobilização da lipase no seu suporte.

CAPÍTULO 4

Espectros EDX

a. Espectros EDX de lipases livres

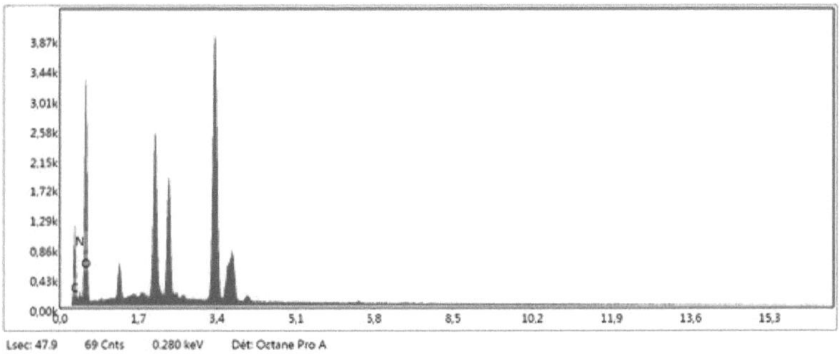

Figura 11- *Espectro eletrónico de microanálise EDX do CCL*

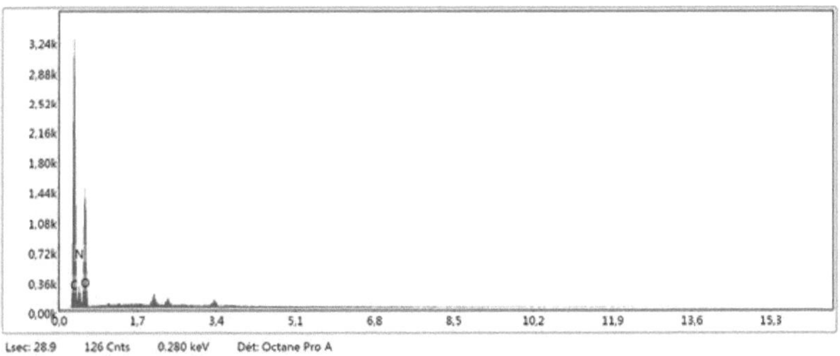

Figura 12- *Espectro eletrónico de microanálise EDX do PPL*

1. Espectros EDX das enzimas modificadas

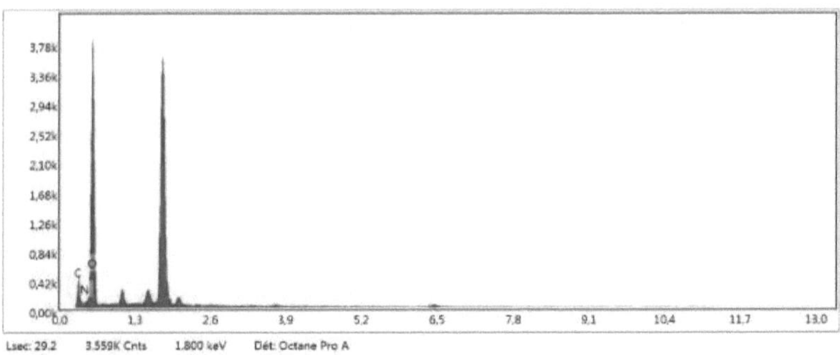

Figura 13- *Espectro eletrónico de microanálise EDX do CCL Ic*

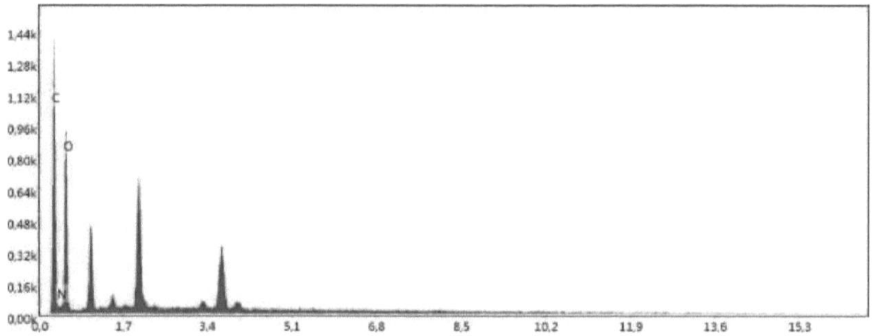

Figura 14- *Espectro eletrónico de microanálise EDX do CCL C65*

Lsec: 28,9 O Cnts 0,000 keV Det: Octane Pro A

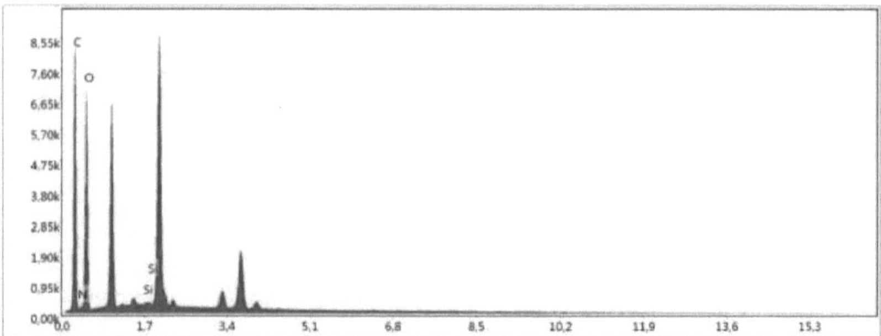

Figura 15- *Espectro eletrónico de microanálise EDX do CCL C65*

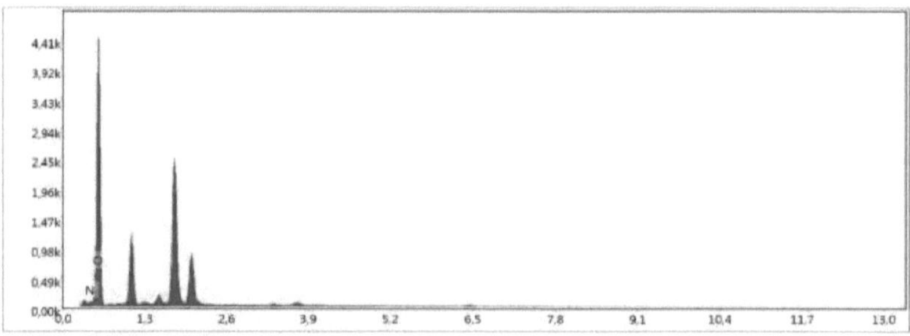

Figura 16- *Espectro eletrónico de microanálise EDX da PPL Ic.*

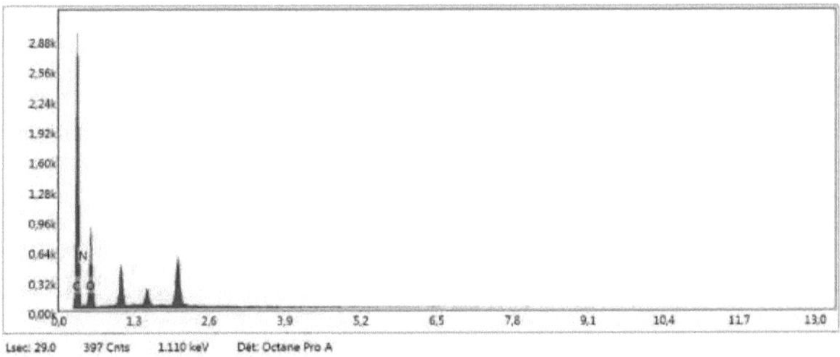

Figura 17- *Espectro eletrónico de microanálise EDX do PPL C65*

Efeito da modificação da lipase na reação de esterificação enzimática da D-glucose

Para avaliar a eficácia das enzimas modificadas, estas foram também testadas na reação de esterificação enzimática da a-(+)-D-glucose nas condições de funcionamento definidas anteriormente.

Reação

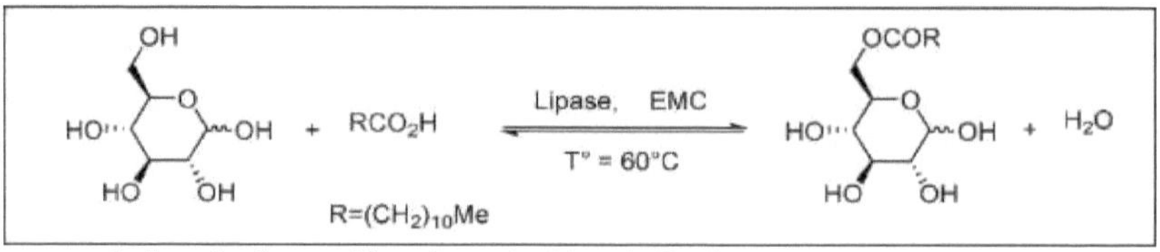

Diagrama 2- *Reação de esterificação enzimática da D-glucose*

O progresso da reação de esterificação baseia-se na natureza da lipase utilizada como biocatalisador. A atividade enzimática das diferentes lipases modificadas à escala laboratorial foi comparada, em primeiro lugar, com a da lipase livre e, em seguida, com a da lipase de um único lote. As reacções tiveram lugar no EMC a 60°C, com 30 mg de lipase e 30 mg de peneira molecular.

Os resultados são apresentados nos quadros seguintes.

a. O caso do CDC

As cinéticas obtidas com as diferentes formas de CCL são ilustradas no quadro seguinte.

Tabela 9 - *Influência da lipase na conversão no caso do CCL.*

Enzima	Conversão			
	2h	24h	48h	72h
CC1 livre	3	8	8	14
CCL Ic	0	11	19	45
O CCL é	0	17,5	21	21,50
CCL C80	18	17	10	7
CCL C85	5	20	24,50	22
CCL C60	12,50	28,50	31,70	31,70
CCL C65	10,50	31,70	36,50	50
CCL + spanSO	0	10	12	15
CCL + span85	3	10	11	12
CCL + span60	5	12	12	18
CCL + span65	5	15	14	15

Condições de reação: 1 mmol de a-(+)-D-glucose, 1eq Al, 5 ml EMC, 30mg TM, T°=60°C.

De acordo com os resultados apresentados no quadro 9, e comparando as conversões obtidas para o CCL livre e modificado nas mesmas condições, verifica-se que a conversão atingiu uma taxa de 45% para o CCL imobilizado em celite (CCL Ic) e 50% para o CCL revestido com span 65 (CCL C65). A conversão com a enzima CCL livre foi de apenas 14%. Por conseguinte, ambos os métodos são eficazes e aumentam significativamente a atividade enzimática do CCL.

As reacções foram igualmente realizadas na presença de lipase e de tensioativo num único recipiente e as conversões obtidas não excederam 18%. Esta é mais uma prova da eficácia do CCL modificado.

b. PPL

As cinéticas obtidas com as diferentes formas de PPL são apresentadas no quadro 10.

***Tabela 10 - Influência** da lipase na conversão no caso da PPL.*

Enzima	Conversão			
	2h	24h	48h	72h
PPL grátis	0	0	10	12
PPL Ic	0	22	20	20
PPL É	0	18	20	20
PPL C80	10	10	28	48
PPL C85	15	18,2	30	42
PPL C60	5	23	38,5	44,5
PPL C65	10	26,70	36	50
PPL + spanSO	5	8	10	12
PPL + span85	0	0	15	15
PPL + spanôO	0	5	5	5
PPL + span65	5	8	8	8

Condições de reação: 1 mmol de a-(+)-D-glucose, 1eq Al, 5 ml EMC, 30mg TM, T°=60°C.

No caso da PPL, a imobilização aumenta ligeiramente a conversão em relação à lipase livre. A conversão é de 20% independentemente do suporte de imobilização (sílica ou celite).

O revestimento da PPL com spans resultou melhor atividade enzimática em comparação com a imobilização, com conversões significativas, sendo a mais elevada obtida para a PPL revestida com span 65 (50%).

A adição de spans (80, 85, 60, 65) à enzima livre no seu meio de reação não teve qualquer efeito sobre a sua atividade. Os valores de conversão obtidos na presença de spans numa panela com lipase mostram a importância do revestimento. A enzima encapsulada torna-se estável e ativa num meio orgânico.

Os resultados obtidos provam que o revestimento é a melhor técnica para aumentar a atividade catalítica, preservando a estrutura da enzima. O teor proteico obtido por este método continua a ser o mais elevado em comparação com a imobilização.

A catálise da reação de esterificação da D-glucose pelos biocatalisadores modificados nas mesmas condições de funcionamento indica, portanto, que as enzimas revestidas têm a maior atividade catalítica, com uma conversão de 50% para a CCL e a PPL revestidas com span 65.

c. Comparação de lipases modificadas com CAL B

[102]As actividades enzimáticas da CCL e da PPL revestidas com span 65 foram depois comparadas com as da lipase *de Candida antractica* B, uma lipase comercial, imobilizada em resina e convencionalmente utilizada na síntese de ésteres de açúcar.

***Quadro 11** - Comparação das lipases modificadas com CAL B.*

Enzimas	Conversão			
	2h	**24h**	**48h**	**72h**
CAL B	10	44,5	50,5	52,5
PPL C65	10	26,70	36	50
CCL C65	10,50	31,70	36,50	50

***Condições de reação**: 1 mmol de a-(+)-D-glucose, 1eq Al, 5 ml EMC, 30mg TM, T°=60°C.*

Verifica-se que, após 72h de reação a 60°C, foi obtida uma conversão de 52,50% durante a reação de acilação enzimática da glicose com CAL B. A comparação com os melhores resultados obtidos com lipases modificadas na mesma reação mostrou actividades semelhantes às observadas com a lipase *de Candida antartica* B (PPL C65, 50%, CCL C65, 50%), no entanto, após 72h.

As enzimas modificadas obtidas neste têm, portanto, uma atividade catalítica comparável à da CAL B, que é a lipase mais utilizada para a síntese enzimática dos ésteres de açúcar.

[103104105106]Estas lipases apresentam uma elevada atividade catalítica e estabilidade térmica em

---

[102 94] R. BenSalah, H. Ghamghui, N. Miled, H. Mejdoub, Y. Gargouri, Production of butyl acetate ester by lipase from novel strain of Rhizopus oryzae. *Jornal de biociência e bioengenharia*. **2007**, *103*, 368.

[95] a. P. Degn, W. Zimmerma, Otimização da síntese de ésteres de ácidos gordos de hidratos de carbono em meios orgânicos por uma lipase de Candida antarctica. *Biotecnologia e* **bioengenharia2001**, *74*, 483.

b. Y. Li, D. Rethwisch, Aumento de escala da síntese enzimática em fase pseudo-sólida de acrilato de α-metil glucosídeo. *Biotechnology and bioengineerring,*. **2002**,*79*, 15.

[103] P. Adlercreutz. Imobilização e aplicação de lipases em meios orgânicos. *Chemical Society Reviews,* **2013**, *42,* 6406.

[104] M. K.Walsh, R. A Bombyk, A. Wagh, A. Bingham, L. M. Berreau, Síntese de monolaurato de lactose influenciada por várias lipases e solventes. *Journal of Molecular Catalysis B: Enzymatic*, **2009**, 60, 171.

[105] T. Kobayashi, Lipase-catalyzed syntheses of sugar esters in non-aqueousmedia, *Biotechnology. Letters.* **2011,** 33, 1911.

[106] Z. Yang, Z.-L. Huang, Síntese enzimática de ésteres de ácidos gordos de açúcar em líquidos iónicos, *Catalysis Science &*

comparação com a enzima nativa, cuja temperatura de funcionamento não excede os 40°C . Além disso, foi desenvolvido um sistema de proteção para minimizar o contacto direto do solvente orgânico e dos substratos com a lipase, a fim de facilitar a esterificação lipolítica dos açúcares, com o objetivo de tornar estes biocatalisadores (PPL e CCL) mais atractivos do ponto de vista sintético. As elevadas actividades catalíticas obtidas devem-se provavelmente a uma melhor dispersão do catalisador em meio orgânico.

VIII. Efeito do solvente na reação de esterificação enzimática da D-glucose

Um solvente adequado é essencial para a síntese de ésteres de açúcar catalisada por lipase [97,98,99]. O solvente deve ser capaz de dissolver quantidades suficientes de ambos os substratos durante a reação de esterificação enzimática. O problema associado a este estudo consiste portanto em encontrar um compromisso para que o solvente solubilize simultaneamente o açúcar (polar) e o ácido gordo (apolar). Além disso, não deve comprometer a estabilidade da enzima nem a sua atividade.

A PPL encapsulada com span 65 (PPL C65) é submetida a condições extremas de solvente na reação de esterificação enzimática da D-glucose. Foram testados solventes orgânicos com diferentes polaridades. [107]Os líquidos iónicos foram então examinados como substitutos dos solventes orgânicos. Estes representam uma nova classe de solventes que oferece uma oportunidade para uma química mais limpa e um desenvolvimento sustentável.

[108]A adição de um co-solvente também pode ajudar a melhorar a solubilidade. Por conseguinte, escolhemos o dimetilsulfóxido, DMSO, que é um solvente muito polar e deve dissolver completamente a D-glucose.

a. Influência da solubilidade na reação de esterificação

1. Ensaio de solubilidade

[109]A fim de compreender a solubilidade do açúcar e a sua importância na síntese, foram testados diferentes tipos de solventes com diferentes polaridades. Estes incluíam solventes orgânicos: tetrahidrofurano (THF), 2-metilbutan-2-ol (2M2B), dimetilsulfóxido (DMSO) e etilmetilcetona (EMC); líquidos iónicos de imidazólio: tetrafluoroborato de 1-butil-3-metil-imidazólio (LI1) e tetrafluoroborato de 1-etil-3-metil-imidazólio (LI2),

A tabela 12 apresenta a solubilidade dos solventes utilizados na esterificação enzimática da

---

Technology. **2012**, 2 1767.

[107] L. Xiao-Sheng, W. Qing, H. Ze-Lin, C. Yu-Zheng, J. Peter. Z. Hallingc, Impactos de líquidos iónicos na síntese enzimática de laurato de glicose e otimização com produtividade superior por metodologia de superfície de resposta. *Bioquímica de Processos*, **2015**, 50, 1852.

[108] A. Ghanem, Trends in lipase-catalyzed asymmetric access to enantiomerically pure/enriched compounds (Tendências no acesso assimétrico catalisado por lipase a compostos enantiomericamente puros/enriquecidos). *Tetrahedron*, **2007**, 63, 1721-54.

[109] L. Xiao-Sheng, W. Qing, H. Ze-Lin, C. Yu-Zheng, J. Peter. Z. Hallingc, Impactos de líquidos iónicos na síntese enzimática de laurato de glicose e otimização com produtividade superior por metodologia de superfície de resposta. *Bioquímica de Processos*, **2015**, 50, 1852.

D-glucose.

Tabela 12- *Solubilidade da D-glucose.*

Solventes	LogP (pH=7, 20°C) (ECHA)	Solubilidade (100mg/2ml)
DMSO	-1,35	É bom
EMC	0,29	Bom
O	0,52	Bom
2M2B	0,89	Errado
Lil	4,13	Errado
LI2	5,06	Errado

ECHA*: Agência Europeia dos Produtos Químicos.*

Os resultados do ensaio de solubilidade da D-glucose mostram que o melhor solvente para uma dissolução quase completa do açúcar é o DMSO. Os outros solventes orgânicos dissolvem-na mais ou menos bem (quadro 12).

A solubilidade do açúcar em líquidos iónicos não é boa, mas estes solventes são desejáveis na síntese de enzimas, uma vez que geralmente não afectam a atividade catalítica da enzima.

b. Influência do meio de reação

As reacções foram realizadas primeiro apenas em meio de solvente orgânico e depois em meio de líquido iónico. A fim de otimizar ainda mais a conversão do açúcar, foi introduzida uma quantidade adequada de DMSO no meio de reação. É efectuado um estudo cinético com diferentes quantidades deste solvente polar: (solvente/DMSO): (lml/IOμI, 1ml/20gl, 1ml/30gl, lmb'4-θμΐ, 1ml/50gl, 1ml/60gl, 1ml/70gl, 1ml/80gl, 1ml/90gl, lml/IOOμI).

Os resultados preliminares deste estudo mostram que a melhor relação é (v/v): (1ml/20gl) e (^1/50μl). [110]Este facto é confirmado pela literatura. As conversões obtidas com as outras proporções estudadas não são conclusivas e, por conseguinte, não são comunicadas.

Os resultados são apresentados nos quadros seguintes.

- **Reacções apenas em meio solvente**

Os resultados obtidos para o progresso da reação de esterificação enzimática da glucose na presença de PPL C65 com os diferentes solventes são apresentados quadro seguinte.

Tabela 13 - *Influência do solvente na conversão no caso do PPL C65.*

Solvente	Conversão			
	2h	24h	48h	72h
EMC	10	26,70	36	50
O	10	20	32	45

[110] X.Sh. Lina, Q. Wenb, Z.L. Huanga, C. Yu-Zheng, J. Peter. Impacto de líquidos iónicos na síntese enzimática de laurato de glicose e otimização com produtividade superior por metodologia de superfície de resposta. *Process Biochemistry.* **2015**, 50, 1852.

2M2B	10	18	30	40,5
ILS1	5	28	34	43,5
ILS2	8	22	32	42

Condições de reação: 1 mmol *a-(+)-D-glucose, 1 eq Al, 30 mg PPL C65, 30mg TM, T°=60°C.*

Em meio orgânico, a PPL C65 deu uma conversão máxima em EMC de 50%. Nos sais fundidos com a mesma lipase, as conversões obtidas foram da ordem dos 40% para todos os solventes.

- **Influência do co-solvente**

A fim de melhorar a solubilidade do açúcar de partida, são introduzidas diferentes porções de DMSO no meio de reação.

Em comparação com os solventes isolados e adicionando DMSO com uma proporção de (1ml / 50μl) (solvente/DMSO), as conversões obtidas para os LIs são 54,5% e 50,5% para LI1 e LI2, respetivamente.

Tabela 31- *Influência do co-solvente na conversão no caso do PPL C65.*

Solvente	Conversão			
	2h	24h	4811	72h
EMC/ DMSO (1 mi: 50μl)	15	20	38	51,5
EMC/ DMSO (1 ml: 20μl)	5	18	25	41,2
TE/ DMSO (1 ml: 50μl)	10	22	22	45,5
TE/ DMSO (1 ml: 20μl)	8	19	28	42
2M2B/DMSO (1 ml: 20μl)	8	10	20	35
2M2B/DMSO (1 ml: 50μl)	5	20	28	40,5
Lil/ DMSO (1 ml: 20μl)	18	30	40	48
Lil/ DMSO (1 ml: 50μl)	20	35	45,5	54,5
LI2/ DMSO (1 ml: 20μl)	10	26	36	43
LI2/ DMSO (1 ml: 50μl)	15	29	40,5	50,5

Condições de reação: 1 mmol *a-(+)-D-glucose, 1 eq Al, 30 mg PPL C65, 30mg TM, T°=60°C.*

Não foram observadas alterações significativas na conversão durante reação de esterificação enzimática nos outros solventes, adicionando o mesmo co-solvente.

A estrutura 3D cataliticamente ativa das enzimas depende de numerosas ligações de hidrogénio, efeitos hidrofóbicos, forças de Van der Waals e interações dipolares, que ocorrem dentro da molécula de proteína e entre a proteína e o solvente. Assim, os pré-requisitos para a catálise enzimática homogénea não aquosa são a solubilidade e a estabilidade dos biocatalisadores no solvente orgânico utilizado.

De acordo com os quadros acima, os resultados obtidos com LI1 e EMC reprodutíveis. Foi observada uma variação da conversão em função da natureza do meio e da lipase utilizada.

- As melhores conversões foram efectuadas apenas com solventes orgânicos, ou seja, 50% de PPL C65 em EMC após 72h.
- Nos LIs, a melhor conversão obtida foi de 43,5% com o PPL C65.

A comparação dos resultados obtidos nos diferentes casos estudados mostra que o meio de reação tem uma influência significativa na conversão.

[111][112][113]As conversões obtidas com solventes orgânicos dependem da natureza do solvente (polaridade, capacidade de desnaturação). O estado da enzima (modificada ou não modificada) afecta a conversão em produto da esterificação catalisada pela lipase; as conversões em ésteres aumentam quando as reacções são efectuadas em solventes moderadamente polares. Os solventes polares têm um efeito significativo na solubilidade do substrato, mas podem deformar a camada aquosa que constitui a lipase, causando eventualmente a desnaturação da enzima[105,106].

Num meio orgânico, o solvente, independentemente da sua polaridade, pode restringir a flexibilidade conformacional da enzima, modificando a camada de água necessária à sua atividade, desnaturando assim a sua microestrutura. [114]Este facto pode levar à desnaturação reversível ou irreversível da lipase. [115]Verificou-se também que as lipases se comportam de forma diferente em diferentes meios orgânicos, com diferentes níveis de resistência em diferentes sistemas de reação.

No interesse da química verde e otimizar o funcionamento das lipases modificadas, são utilizados LIs em vez de solventes orgânicos.

Observámos, em primeiro lugar, que a substituição dos solventes orgânicos por líquidos iónicos não teve uma influência significativa no progresso da reação com todas as lipases. As conversões obtidas devem-se, provavelmente, à baixa solubilidade dos substratos açucarados e acílicos de cadeia longa nos líquidos iónicos de imidazólio (tabela de solubilidade), dando origem a um sistema bifásico que reduz a disponibilidade dos substratos para a enzima e, por conseguinte, reduz a acilação biocatalisada.

Para além destes resultados, pensámos que se obteria uma melhor conversão se os substratos

---

[111] S. Soultani, J-M. Engasser, M. Ghoul. Effect of acyl donor chain length and sugar/acyl donor molar ratio on enzymatic synthesis of fatty acid fructose esters. *Journal of Molecular Catalysis B: Enzymatic.* **2001**, 11, 31.

[112] S. Hari Krishna, N. G. Karanth, Lipases e reacções de esterificação catalisadas por lipases em meios não aquosos. *Catalysis Reviews.* **2002,** *44*, 499.

[113] M. M. Soumanou, U. T. Bornscheuer. Melhoria da síntese catalisada por lipase de ésteres metílicos de ácidos gordos a partir de óleo de girassol. *Enzyme and microbial technology*, **2003**, *33*, 97.

[114] S. Torres, G. R. Castro. Biocatálise não aquosa em sistemas homogéneos de solventes. *Food Technol Biotechnol*, **2004,** *42*, 271.

[115] J. Yu, J. Zhang, A. Zhao, X. Ma, Estudo da síntese de ésteres de glicose por lipase imobilizada de Candida sp. *Catalysis Communications*, **2008**, *9*, 1369.

fossem completamente solúveis no meio. Para o efeito, introduzimos uma quantidade mínima de um solvente polar, o DMSO, assegurar a solubilidade do açúcar e o bom funcionamento da lipase. Foi efectuado um estudo cinético avaliar a melhor relação solvente/DMSO a utilizar. Inicialmente, é efectuada uma seleção da quantidade de DMSO. (solvente/DMSO): (lml/IOμI, 1ml/20gl, 1ml/30gl, 1ml/40gl, 1ml/50gl, 1ml/60gl, 1ml/70gl, 1ml/80gl, 1ml/90gl, lml/IOOμI). No entanto, apenas as proporções (1ml/20μl, 1ml/50μl) fornecem boas conversões.

A adição de DMSO com porções de (solvente/DMSO): (1ml/20μl, 1ml/50μl) aumenta significativamente a conversão, em solventes orgânicos. A melhor conversão obtida é de 51,5% em (EMC/DMSO): (^í/50μí) e 54,5% em (LI1/DMSO): (^í/50μí) com PPL C65.

Ao comparar LIs na presença da mesma lipase, a elevada viscosidade do meio de reação pode aumentar a limitação da transferência de massa, [116]como se observou na benzoilação da floxuridina catalisada pela lipase de Pseudomonas cepacia (PSL-C) em THF/[Bmim][PF6], em que a conversão de 98% foi alcançada em 82 h com 25% de [Bmim][PF6], enquanto 5% de [Bmim][PF6] alcançaram uma conversão superior a 99% após 48,5 h .

É o caso do LI1 (C= 54,5%) que é menos viscoso e, por conseguinte, mais hidrofóbico que o LI2 (C=50,5%). A lipase é menos afetada no primeiro caso. Em termos atividade e estabilidade, as enzimas podem preferir LIs hidrofóbicos a LIs hidrofílicos. [117]Isto deve-se ao facto de o meio hidrofóbico poder proteger a camada de água essencial em torno das moléculas de proteína, o que aumenta a estabilidade da enzima contra o ambiente desnaturante e reduz as interações diretas proteína-ião. [118]A conformação da proteína também será mantida ativa, uma vez que os LIs hidrofóbicos constroem uma matriz iónica para preservar as moléculas de enzima em microambientes toleráveis.

[116] N. Li, D. Ma, M. H. Zong. Aumento da atividade e da regiosselectividade das lipases para a 3'-benzoilação da floxuridina e dos seus análogos através da utilização de sistemas contendo líquidos iónicos. *Jornal de biotecnologia*, **2008**, *133*, 103.

[117] A.J. Carmichael, K.R. Seddon, Estudo da polaridade de alguns líquidos iónicos de 1-alquil-3-metilimidazólio à temperatura ambiente com o corante solvatocrómico, Vermelho do Nilo. *Journal of Physical Organic Chemistry*, **2000**, 13, 591.

[118] L. Cao, U.T. Bornscheuer, R.D Schmid. Síntese de ésteres de açúcar em fase sólida catalisada por lipase. Influência da imobilização na produtividade e estabilidade da enzima. *Journal of Molecular Catalysis B: Enzymatic.* **1999**, 6, 85.

e caracterizadas novas lipases. As técnicas utilizadas para obter lipases modificadas a partir de lipases livres imobilização num suporte sólido e o encapsulamento por tensioactivos não iónicos.

As lipases sintetizadas foram caracterizadas por Microscopia Eletrónica de Varrimento (SEM) combinada com microanálise por Energia Dispersiva de Raios X (EDX) e Difração de Raios X (XRD). As imagens obtidas para as diferentes formas de lipases foram utilizadas para caraterizar os novos biocatalisadores e para comprovar a integração das lipases nos suportes escolhidos.

A lipase de *Candida cylindracéa* imobilizada em celite expressou uma atividade três vezes superior à da lipase livre. [119]Foi demonstrado que a CCL tem uma superfície com uma hidrofobicidade muito elevada e que as interações hidrofóbicas desempenham provavelmente um papel importante no processo de adsorção. Esta enzima parece adsorver-se facilmente no suporte poroso, a fim de limitar a sua mobilidade, o que a torna acessível aos reagentes em solução. A celite é, por conseguinte, um bom suporte de adsorção para a CCL. A lipase *pancreática porcina* imobilizada tem uma baixa atividade catalítica, pelo que a dessorção deve provavelmente ocorrer em algum momento.

O encapsulamento ou revestimento de lipases com tensioactivos não iónicos é uma técnica que parece funcionar melhor do que a adsorção. Os spans são insolúveis em meios aquosos, permitindo que a lipase seja integrada no surfactante, que actua como um material de suporte. A lipase *pancreática porcina* modificada com spans tem uma atividade quatro vezes superior à da lipase livre. A lipase *de Candida cylindracéa* encapsulada com spans 80 e 85 tem uma baixa atividade catalítica. No entanto, a sua atividade é melhorada pelo encapsulamento com os spans 60 e 65. A sua atividade é multiplicada por quatro no caso da cápsula 65.

[120]A comparação da atividade catalítica das enzimas modificadas com CAL B , uma enzima imobilizada disponível no mercado, mostra que as lipases modificadas apresentam actividades catalíticas comparáveis às obtidas na presença de CAL B (PPL C65=50%, CCL C65=50%). Estes resultados mostram de forma consistente que as lipases modificadas funcionam melhor do que as lipases livres. Além disso, a modificação permitiu-nos aumentar a estabilidade térmica destas enzimas, cuja temperatura óptima de funcionamento é de cerca de 40°C. Para além destas propriedades, existem compatibilidades ambientais, uma vez que a utilização de biocatalisadores é considerada uma química verde.

---

[119] Y. Sugimura, K. Fukunaga, T. Matsuno, K. Nakao, M. Goto, F. Nakashio. A study on the surface hydrophobicity of lipases, *Biochemical Engineering Journal,* **2000**, 5, 123-128.

[120] D. Coulon, Girardin M., Rovel B., Ghoul M., Comparação da esterificação direta e da transesterificação da frutose pela antarticalipase *de Candida, Biotechnology Letters*, **1995,** 17, 2, 183-186.

Referências

1. E.N. Vulfson, P.J. Halling, H.L. Holland, Enzymes in nonaqueous solvents: methods and protocols, *Humana Press*, **2001**, 701.

2. H. Oka, K. Aimono, S. Tsuyutani, T. Fujita, K. Hashiba. *Eur. Patente EP 492397, Kao Corp*. **1992**.

3. H. Lüders, *Eur. Patente EP 252241, Hüls AG*. **1987**.

4. H.A. El-Baz, A.M. Elazzazy, T.S. Saleh, M. Dourou, J.A. Mahyoub, M.N. Baeshen, H.R. Madian e G. Aggelis. Síntese enzimática de ésteres de ácidos gordos de glicose utilizando SCOs como doadores de grupos acilo e as suas actividades biológicas. *Ciências Aplicadas*. **2021**, 11, 2700.

5. N. Nicolas, B. Thierry, P. Daniel. Surfactantes à base de substâncias renováveis. *L'actualité chimique*. **2000**. 70, 75.

6. T. Raku, M. Kitagawa, H. Shimakawa, Y. Tokiwa. Síntese enzimática de ésteres hidrofílicos de ácido undecilénico e sua biodegradabilidade. *Biotechnology letters*. **2003,** 161, 166.

7. T. Raku, M. Kitagawa, H. Shimakawa, Y. Tokiwa. Síntese enzimática de ésteres de trealose com lipofilicidade. *Jornal de biotecnologia*. **2003,** 100, 208.

8. N. do Amaral Sampaio Neta, J.C. Sousa dos Santos, S. de Oliveira Sancho, S. Rodrigues, L. Rocha Barros Goncalves, L.R. Rodrigues, J.A. Texeira. Síntese enzimática de ésteres de açúcar e seu potencial como estabilizadores tensoactivos de emulsões de leite de coco. *Food Hydrocolloids*. **2012**, 27, 331.

9. L. Schiefelbein, M. Keller, F. Weissmann, M. Luber, F. Bracher, W. Friess. Síntese, caraterização e avaliação da adequação dos ésteres de ácidos gordos de trealose como alternativas aos polissorbatos na formulação de proteínas. *Revista europeia de farmácia e biofarmácia*. **2012**, 76, 350.

10. N.R. Kahn, V.K. Rathod. Síntese catalisada por enzimas de ésteres costémicos e sua intensificação: uma revisão. Uma revisão. *Bioquímica de Processos*. 2015, 50, 1806.

11. C. N. Mulligan. Aplicações ambientais para biossurfactantes. *Environ. Pollution*. **2004**, 133, 198.

12. S.W. Hsieh, M.R. Lee, C.W. Tsai, L.Y. Lai, T. Yeh, C.W. Hsieh, T.J. Yang, S.W. Chang, Síntese enzimática, purificação e identificação de derivados bioactivos de ésteres de trealose para aplicações na saúde. *Food Bioprod. Process*. **2015**, 95, 172.

13. M. Habulin, S. Sabeder, Z. Knez. Síntese enzimática de ésteres de ácidos gordos de açúcar em solvente orgânico e em dióxido de carbono supercrítico e sua atividade antimicrobiana. *O Jornal de Fluidos Supercríticos*. **2008,** 45, 345.

14. M. Ferrer, J. Soliveri, F.J. Plou, N. Lopez-Cortes, D. Reyes-Duartes, M. Christensen, J.L. Copa-Patino, A. Ballesteros. Síntese de ésteres de açúcar em misturas de solventes por lipases de Thermomyces lanuginosus e Candida antarctica B, e suas propriedades antimicrobianas, *Enzyme and Microbial Technology*. **2005**, 36, 398.

15. T. Watanabe, S. Katayama, M. Matsubara, Y. Honda, M. Kuwahara. Monoésteres de hidratos de carbono antibacterianos que suprimem o crescimento celular de Streptococcus mutans na presença de sacarose. *Current microbiology*. **2000,** 41, 213.

16. J.K. Peterson, H.F. Harrison, O.T. Chortyk. Effects of various synthetic sucrose esters on weed seed germination and crop growth: structure - activity and dose - response relationships. *Journal of Agricultural and Food Chemistry*. **1997,** 45, 4837.

17. S. Okabe, M. Suganuma, Y. Tada. Os ésteres dissacarídicos testados para inibir a libertação do fator de necrose tumoral - alfa são novos agentes anti-cancro. *Revista japonesa de investigação do cancro*. **1999**, 90, 676.

18. C.C. Akoh, B.G. Swanson. Síntese e propriedades de poliésteres de ácidos gordos de alquilglicósido e estaquiose. *Journal of the American Oil Chemists' Society.* **1989**, 66, 1301.

19. G. Paggiola. Biocatálise em solventes bio-derivados: uma abordagem melhorada para a otimização do meio, *Green Chemistry.* **2014,** 16, 2110.

20. P. Fickers, J. Destain, P. Thonart. As lipases são hidrolases atípicas: principais caraterísticas e aplicações. *Biotecnologia agronómica, sociedade e ambiente.* **2008**, 12, 130.

21. A. Dounia, G. Etienne, N. Stéphane, síntese de palmitato de 6-O-glicose com lipase: Investigação de alguns parâmetros-chave. *Catálise Molecular.* **2018**, 460, 68.

22. A. K. Chandel, R. Rudravaram, L. V. Rao, P. Ravindr, M. L. Narasu. Industrial enzymes in bioindustrial sector development: an Indian perspective (Enzimas industriais no desenvolvimento do sector bioindustrial: uma perspetiva indiana). *Journal. Biotecnologia Comercial.* **2007**, *13*, 283.

23. S. Nakamura. Utilização de ésteres de sacarose como emulsionantes alimentares. *Inform* **1997**, 8, 874.

24. S. Cassel, C. Debaig, T. Benvegnu. P. Chaimbault, M. Lafosse, D. Plusquellec, P. Rollin. Síntese original de padrões de oligoglicerol lineares, rançosos e cíclicos. *Jornal Europeu de Química Orgânica.* **2001**, 875, 1829.

25. N. Bouzaouit, C. Bidjou-Haiour. Estudo metodológico de superfície de resposta da síntese de laurato de glicose catalisada por lipase imobilizada de candida cylindracea. *Biological Forum-An Intern. J.* **2016**, 81, 420.

26. S. Okazaki, M. Goto, H. Wariishi, H. Tanaka, S. Furusaki. Caracterização e propriedade catalítica do complexo surfactante-lacase em meios orgânicos. *Biotechnology Progress*, **2000**, 16, 583.

27. V. Dandavate, D. Madamwar. Nova abordagem para a síntese de iso valerato de etilo utilizando lipase *de Candida rugosa* revestida com surfactante imobilizada em organogéis à base de microemulsão. *Tecnologia enzimática e microbiana.* **2007**, 41, 265.

28. B. Eric, B. Jean-François. A catálise enzimática. *Techniques de l'ingénieur*, **1992,** 240, 1.

29. C. Didier, M. Pierre. Biocatálise ou catálise enzimática. *Techniques de l'ingénieur*, **2009**, 590, 1.

30. C. Blecker, M. Christophe, Lipases imobilizadas e suas aplicações. *Biotecnologia, Agronomia, Sociedade e Ambiente*, **2008**, 12, 57

31. MF. Chaplin, C. Bucke. Enzyme Technology. *Cambridge University Press*, **1990.**

32. I. Alexander, S. Manfred. Métodos para a imobilização de lipases e a sua utilização na síntese de ésteres. *Journal of Molecular Catalysis*, **1997**, 3, 303.

33. D. Sumitra, R. Christena, R. Yamuna, R. Sriramulu. Imobilização de enzimas: uma visão geral sobre técnicas e materiais de suporte. *Biotech*, **2013**, 3, 1.

34. M. Eisenmenger, J. Reyes-De-Corcuera. A alta pressão hidrostática aumentou a estabilidade e a atividade da lipase imobilizada em hexano. *Enzyme and Microbial Technology*, **2009**, 45, 118.

35. Z. Dijkstra, R. Merchant, J.T.F. Keurentjes. Estabilidade e atividade de agregados enzimáticos de *CALB* em CO2 supercrítico. *Jornal de Fluidos Supercríticos*, **2007**, 41, 102.

36. D. Combes, P. Monsan. Biocatálise ou catálise enzimática. *Techniques de l'ingénieur*, **2009,** 11, 1.

37. M.F. Chaplin, C. Bucke. Enzyme Technology. *Cambridge University Press*, **1990.**

38. J. M. Guisan. Imobilização de Enzimas e Células. *Methods Biotechnol*, **2006**, 22.

39. U. Hanefeld, L. Gardossi e E. Magner, Understanding enzyme immobilisation (Compreender a imobilização de enzimas). *Chemical Society Reviews* **2009**, 38, 468.

40. M.F. Chaplin, C. Bucke. Enzyme Technology. *Cambridge University Press*, **1990.**

41. M. M. Zheng, Y. Lu, L. Dong, P. M. Guo, Q. C. Deng, W. L. Li, Y. Q. Imobilização da lipase de Candida rugosa em partículas de sílica funcionais hidrofóbicas/forte permutadoras de catiões para a síntese biocatalítica de ésteres de fitosterol. *Tecnologia de recursos biológicos*, **2012**, 115, 141.

42. A. Bastida, P. Sabuquillo, P. Armisen, R. Fernandez-Lafuente, J. Huguet e J. M. Guisan, A single step purification, immobilization, and hyperactivation of lipases via interfacial adsorption on strongly hydrophobic supports. *Biotecnologia e bioengenharia*, **1998,** 58, 486.

43. V, Iyer, S. Padma, L. Ananthanarayan. Enzyme stability and stabilization-aqueous and non-aqueous environment. *Bioquímica de processos*. **2008,** 43, 1019.

44. Klibanov, M. Alexander. Melhorar as enzimas utilizando-as em solventes orgânicos. *Nature*, **2001**, 409, 241.

45. E. Brown, B. Jean-François. A catálise enzimática. Techniques de l'ingénieur, **1992**, 240, 1.

46. L. Ren, J. He, S. Zhang, D.G. Evans, X. Duan, Imobilização da penicilina G acilase em hidróxidos duplos em camadas revestidos por iões glutamato. *Journal of Molecular Catalysis B: Enzymatic*, **2002**, 183, 11,

47. D. Combes, P. Monsan. Biocatálise ou catálise enzimática. *Techniques de l'ingénieur*. **2009**,11, 590.

48. K. R. Kaneto, Um novo biossensor de tirosinase baseado na imobilização covalente da enzima numa película de polímero de N-(3- aminopropil) pirrol. *Current Applied Physics*, **2005**, 5, 178.

49. E. Brown, B. Jean-François. A catálise enzimática. *Techniques de l'ingénieur*, **1992**, 240, 1.

50. B. Christophe. Lipases imobilizadas e suas aplicações, *Biotecnologia, Agronomia, Sociedade e Ambiente*, **2008**, 12, 68.

51. D. Sumitra, R. Christena, R. S. R. Yamuna. Imobilização de enzimas: uma visão geral sobre técnicas e materiais de suporte. *Biotech*, **2013**, 3, 9.

52. G. Iqbal, A. Ballesteros. Bioencapsulação em polímeros sintéticos (Parte 1): biológicos encapsulados em sol-gel. *Tibtech*, **2000**, 18, 296.

53. M. Maciej, A. Krywko-Cendrowska, P. Krysinski, J. Rogalski. Encapsulamento de lacase numa matriz polimérica condutora: uma via simples. *Synthetic Metals*, **2009**, 159, 1738.

54. L. Zhang, Y. Jiang, Sh. Jiafu, S. Xiaohui, Li Jian, microcápsulas híbridas polímero-inorgânicas biomiméticas para encapsulamento de álcool desidrogenase de levedura. *Reactive & Functional Polymers*, **2008**, 68, 151.

55. J.P. Chen, W.S. Lin, pós de sol-gel e polímeros de sol-gel suportados para imobilização de lipase na síntese de ésteres. *Enzyme and Microbial Technology*, **2003**, 32, 801.

56. S. Fennouh, S. Guyon, C. Jourdat, J. Livage, C. Roux, Encapsulamento de bactérias em géis de sílica. *Comptes Rendus de l'Académie des Sciences-Series IIC-Chemistry*, **1999**, 625.

57. G. Orive, R. M Hernandez, A.R. Gascon, M. Igartua, J. P. Pedraz, Microcápsulas preparadas com diferentes biomateriais para imobilizar fibroblastos 3T3 secretores de GDNF. *International journal ofpharmaceutics*, **2003**, 259, 68.

58. R. Kumar, A. N Maitra, P. K. Patanjali *et al.* Nanopartículas ocas de ouro que encapsulam a peroxidase de rábano. *Biomaterials*. **2005**, 26, 6743.

59. P.V. Iyer, L. Ananthanarayan, Enzyme stability and stabilization: Aqueous and nonaqueous environment, *Process Biochemistry*, **2008**, 43, 1019.

60. N. Kamiya, M. Goto, F.Nakashio. Lipase revestida com surfactante adequada para a resolução enzimática do mentol como biocatalisador em meios orgânicos. *Biotechnologie. Progress*. **1995**, 11, 270.

61. K.P. Dhake, D.D. Thakare. B.M. Bhanage. Lipase: Um potencial biocatalisador para a síntese de valiosos compostos de ésteres de sabor e fragrância. *Flavour Fragr. J.* **2013**, 28, 71.

62. M.J. Ferrer, J.P. Francisco, N. López-Cortés, D. Reyes-Duarte, M. Christensen, J.L. Copa-Patiño, A. Ballesteros. Síntese de ésteres de açúcar em misturas de solventes por lipases de *Thermomyces lanuginosus* e

Candida antarctica B e suas propriedades antimicrobianas. *Tecnologia enzimática e microbiana.* **2005**, 36, 391.

63. A.M. Klibanov. Melhorar as enzimas utilizando-as em solventes orgânicos. *Nature*, **2001**, 108, 241.

64. A. Zaks, A.M. Klibanov, Enzyme-catalyzed processes in organic solvents, *Proceedings of the National Academy of Sciences*, **1985**, 82, 3192.

65. D. Feng-Xia, L. Zhang, T. Xiao-Zuo, Ch. Hong-Bing, W. Xiu-Li e W. Yu-Zhong, lipase revestida com líquido iónico: síntese verde de poli (1,4-dioxan-2-ona) de alto peso molecular. *Jornal de Catálise Molecular B: Enzimática.* **2012,** 77, 46.

66. T. Mori, S. Kishimoto, K. Ijiro, A. Kobayashi e Y. Okahata. A Lipase Lipid-Coated Lipase as an Efficient Hydrolytic Catalyst in the Two-Phase Aqueous-Organic System, *Biotechnology and bioengineering.* **2001,** 76, 157.

67. N. Bouzaouit, C. Bidjou-Haiour. Estudo Metodológico de Superfície de Resposta da Síntese de Laurato de Glicose Catalisada por Lipase Imobilizada de *Candida cylindraceaBiological Forum-An International Journal.* **2016**, 81, 420.

68. V. Dandavate e D. Madamwar, Nova abordagem para a síntese de isovalerato de etilo utilizando lipase *de Candida rugosa* revestida com surfactante imobilizada em organogéis à base de microemulsão, *Enzyme and microbial technology.* **2007**, 41, 265.

69. Y. Okahata e T. Mori, Lipid-coated enzymes as efficient catalysts in organic media, *Trinds in Biotechnolgy.* **1997**, 4, 15.

70. N. Klai, C. Bidjou-Haiour. S. Bouquillon. Surfactantes à base de D-Xilose: Síntese, caraterização e estudos de modelagem molecular, *Comptes Rendus Chimie.* **2015**, 18, 599.

71. A.M. Klibanov, Improving enzymes by using them in organic solvents, *Nature*, **2001,** 108, 241-246.

72. N. Bouzaouit, C. Bidjou-Haiour. Estudo metodológico de superfície de resposta da síntese de laurato de glicose catalisada por lipase imobilizada de candida cylindracea, *Forum-An International Journal.* **2016**, 81, 420.

73. M. M. Zheng, Y. Lu, L. Dong, P. M. Guo, Q. C. Deng, W. L. Li, Y. Q. Feng e F. H. Huang, Imobilização da lipase de Candida rugosa em partículas de sílica funcionais hidrofóbicas/forte permutadoras de catiões para a síntese biocatalítica de ésteres de fitosterol. *Bioresource technology*, **2012**, 115, 141.

74. T. Gitlesen, M. Bauer e P. Adlercreutz, Biochim. Adsorção de lipase em pó de polipropileno. *Biochimica et Biophysica Ata (BBA)-Lipids and Lipid Metabolism,* **1997**, 1345, 188.

75. R. Fernandez-Lafuente, P. Armisen, P. Sabuquillo, G. Fernandez-Lorente e J. M. Guisan, Immobilização de lipases por adsorção selectiva em suportes hidrofóbicos. *Química e física dos lípidos*, **1998**, 93, 185.

76. A. Bastida, P. Sabuquillo, P. Armisen, R. Fernandez-Lafuente, J. Huguet e J. M. Guisan, Purificação, imobilização e hiperactivação de lipases num único passo através da adsorção interfacial em suportes fortemente hidrofóbicos. *Biotecnologia e* **bioengenharia1998**, 58, 486.

77. M. Kreiner, B. D. Moore e M. C. Parker, Chem. Commun. Enzyme-coated micro-crystals: a 1-step method for high activity biocatalyst preparation, *Chemical communications.* **2001**, 1096-1097.

78. M. Kreiner, J. F. A. Fernandes, N. O'Farrell, P. J. Halling e M.-C. Parker, Stability of protein-coated microcrystals in organic solvents. *Journal of Molecular Catalysis B: Enzymatic.* **2005**, 33, 65-72.

79. J. J. Zheng, L. Xu, Y. Liu, X. Y. Zhang e Y. J. Yan, Microcristais de K2SO4 revestidos com lipase: preparação, caraterização e aplicação na produção de biodiesel usando várias matérias-primas de óleo. *Bioresource Technology.* **2012**, 110, 224.

80. S. Shah, A. Sharma, M. N. Gupta, Cross-linked protein-coated microcrystals as biocatalysts in non-aqueous solvents. *Biocatalysis and Biotransformation*. **2008**, 26, 266.

81. M.A. Bradford, A rapid and sensitive method for the quantitation of microgram quantities of protein utilizing the principle of protein-dye binding, *Analytical biochemistry*. **1976**, 72, 248.

82. S.M. Gotham, P.J. Fryer, W. Paterson, The measurement of insoluble proteins using a modified Bradford assay, *Analytical biochemistry*. **1988**, 173, 353.

83. M. M. Bradford, A rapid and sensitive method for the quantitation of microgram quantities of protein utilizing the principle of protein-dye binding. *Analytical biochemistry*, **1976**, *72*, 248.

84. R. Reshmi, S. Sugunan, Actividades superiores de lipase imobilizada em suportes de argila pura e hidrofóbica: Estudos de caraterização e atividade catalítica, *Journal of Molecular Catalysis B: Enzymatic* **2013,** 97, 36.

85. L. F. Garcia, V. Gotor, Transesterificação catalisada por lipase em meio orgânico: efeitos do solvente no equilíbrio e constantes de velocidade individuais. *Biotecnologia e bioengenharia*.**1998**, 59, 684.

86. M. Persson, I. Mladenoska, E. Wehtje, P. Adlercreutz, Preparação de lipases para utilização em solventes orgânicos. *Enzyme and Microbial Technology*, **2002**, *31*, 833.

87. V.V. Mozhaev, I.V. Berezin, K. Martinek. Relação estrutura-estabilidade em proteínas: tarefas fundamentais e estratégia para o desenvolvimento de catalisadores enzimáticos estabilizados para biotecnologia, *Critical Reviews in Biochemistry*. **1988**, 3, 235.

88. Okahata Y. e Mori T., Lipid-coated enzymes as efficient catalysts in organic media, *Trends Biotechnology*, **1997**, 4, 15.

89. Y. Okahata, K. Ijiro. Uma lipase revestida de lípidos como um novo catalisador para a síntese de triglicéridos em solventes orgânicos, *Journal of the Chemical Society, Chemical Communications*. **1988,** 1, 1392.

90. K. Ramani, S. Karthikeyan, R. Boopathy, L. John Kennedy, A.B. Mandala, G. Sekaran. Carvão ativado mesoporoso funcionalizado à superfície para a imobilização de lipase ácida e sua aplicação à hidrólise de óleo cozido usado: estudos isotérmicos e cinéticos. *Bioquímica de processos*. **2012,** 47, 435.

91. N. Rezgui, C. Bidjou-Haiour. Estudo físico e químico de *Candida cylindracea* revestida com ésteres de sorbitano. *Revista de Pesquisa em Química e Meio Ambiente.* **2021**, 25, 10.

92. K. Ramani. S. Karthikeyan. R. Boopathy, L. John Kennedy. A.B. Mandala, G. Sekaran. Carvão ativado mesoporoso funcionalizado de superfície para a imobilização de lipase ácida e sua aplicação à hidrólise de óleo cozido residual: estudos isotérmicos e cinéticos", *Bioquímica de processos*. **2012,** 47, 435.

93. S. Gupta, S. Yogesh, S. Javiya, M. Bhambi, C.S. Pundir, K. Singh e A. Bhattacharya. Estudo comparativo do desempenho de membranas de polissulfona assimétrica e de polietersulfona imobilizadas em lipase na hidrólise do azeite. *Revista internacional de macromoléculas biológicas*. **2008,** 42, 145.

94. R. BenSalah, H. Ghamghui, N. Miled, H. Mejdoub, Y. Gargouri, Produção de éster de acetato de butilo por lipase de uma nova estirpe de Rhizopus oryzae. *Jornal de biociência e bioengenharia*. **2007**, *103*, 368.

95. a. P. Degn, W. Zimmerma, Otimização da síntese de ésteres de ácidos gordos de hidratos de carbono em meios orgânicos por uma lipase de Candida antarctica. *Biotecnologia e* **bioengenharia2001**, *74*, 483.

b. Y. Li, D. Rethwisch, Aumento de escala da síntese enzimática em fase pseudo-sólida de acrilato de α-metil glucosídeo. *Biotechnology and bioengineerring,*. **2002**,*79*, 15.

96. P. Adlercreutz. Imobilização e aplicação de lipases em meios orgânicos. *Chemical Society Reviews*, **2013**, *42*, 6406.

97. M. K.Walsh, R. A Bombyk, A. Wagh, A. Bingham, L. M. Berreau, Síntese de monolaurato de lactose influenciada por várias lipases e solventes. *Journal of Molecular Catalysis B: Enzymatic*, **2009**, 60, 171.

98. T. Kobayashi, Lipase-catalyzed syntheses of sugar esters in non-aqueousmedia, *Biotechnology. Letters.* **2011,** 33, 1911.

99. Z. Yang, Z.-L. Huang, Síntese enzimática de ésteres de ácidos gordos de açúcar em líquidos iónicos, *Catalysis Science & Technology.* **2012,** 2 1767.

100. L. Xiao-Sheng, W. Qing, H. Ze-Lin, C. Yu-Zheng, J. Peter. Z. Hallingc, Impactos de líquidos iónicos na síntese enzimática de laurato de glicose e otimização com produtividade superior por metodologia de superfície de resposta. *Bioquímica de Processos*, **2015,** 50, 1852.

101. A. Ghanem, Trends in lipase-catalyzed asymmetric access to enantiomerically pure/enriched compounds (Tendências no acesso assimétrico catalisado por lipase a compostos enantiomericamente puros/enriquecidos). *Tetrahedron*, **2007**, 63, 1721-54.

102. L. Xiao-Sheng, W. Qing, H. Ze-Lin, C. Yu-Zheng, J. Peter. Z. Hallingc, Impactos de líquidos iónicos na síntese enzimática de laurato de glicose e otimização com produtividade superior por metodologia de superfície de resposta. *Bioquímica de Processos*, **2015,** 50, 1852.

103. X.Sh. Lina, Q. Wenb, Z.L. Huanga, C. Yu-Zheng, J. Peter. Impacto de líquidos iónicos na síntese enzimática de laurato de glicose e otimização com produtividade superior por metodologia de superfície de resposta. *Process Biochemistry.* **2015**, 50, 1852.

104. S. Soultani, J-M. Engasser, M. Ghoul. Effect of acyl donor chain length and sugar/acyl donor molar ratio on enzymatic synthesis of fatty acid fructose esters. *Journal of Molecular Catalysis B: Enzymatic.* **2001**, 11, 31.

105. S. Hari Krishna, N. G. Karanth, Lipases e reacções de esterificação catalisadas por lipases em meios não aquosos. *Catalysis Reviews.* **2002,** *44*, 499.

106. M. M. Soumanou, U. T. Bornscheuer. Melhoria da síntese catalisada por lipase de ésteres metílicos de ácidos gordos a partir de óleo de girassol. *Enzyme and microbial technology*, **2003**, *33*, 97.

107. S. Torres, G. R. Castro. Biocatálise não aquosa em sistemas homogéneos de solventes. *Food Technol Biotechnol*, **2004,** *42*, 271.

108. J. Yu, J. Zhang, A. Zhao, X. Ma, Estudo da síntese de ésteres de glicose por lipase imobilizada de Candida sp. *Catalysis Communications*, **2008**,*9*,1369.

109. N. Li, D. Ma, M. H. Zong. Aumento da atividade e da regiosselectividade das lipases para a 3'-benzoilação da floxuridina e dos seus análogos através da utilização de sistemas contendo líquidos iónicos. *Jornal de biotecnologia*, **2008**, *133*, 103.

110. A.J. Carmichael, K.R. Seddon, Estudo da polaridade de alguns líquidos iónicos de 1-alquil-3-metilimidazólio à temperatura ambiente com o corante solvatocrómico, Vermelho do Nilo. *Journal of Physical Organic Chemistry*, **2000**, 13, 591.

111. L. Cao, U.T. Bornscheuer, R.D Schmid. Síntese de ésteres de açúcar em fase sólida catalisada por lipase. Influência da imobilização na produtividade e estabilidade da enzima. *Journal of Molecular Catalysis B: Enzymatic.* **1999**, 6, 85.

112. Y. Sugimura, K. Fukunaga, T. Matsuno, K. Nakao, M. Goto, F. Nakashio. A study on the surface hydrophobicity of lipases, *Biochemical Engineering Journal,* **2000**, 5, 123-128.

113. D. Coulon, Girardin M., Rovel B., Ghoul M., Comparação da esterificação direta e da transesterificação da frutose pela antarticalipase *de Candida, Biotechnology Letters*, **1995,** 17, 2, 183-186.

MIX
Papier aus verantwortungsvollen Quellen
Paper from responsible sources
FSC® C105338

Printed by Books on Demand GmbH, Norderstedt / Germany